大猫和它们的化石亲属：
猫科动物的演化及其博物学图解指南

〔美〕艾伦·特纳　著

〔西〕毛里西奥·安东　绘图

李雨　译

熊武阳　孙博阳　审校

商务印书馆
The Commercial Press

谨以此书献给我的家人

并纪念比约恩·柯登（Björn Kurtén）

序

    自2500万年前的第三纪中期以来，猫科动物发生了重大而高度多样化的辐射演化，其中仅有7个大型物种存活至今。这些幸存下来的大猫在体形上差异显著，很容易区分，它们所展现出的捕食行为和猎杀技巧各具特色，显示出的领地行为和社会集群也不尽相同。因此，现存的豹属（狮、豹、虎、美洲豹和雪豹）、猫属（丛林猫）和猎豹属（猎豹）成员为我们提供了宝贵的机会，可以一窥大猫这个令人着迷而又使人畏惧的族群的方方面面，包括它们的适应性、多样性和行为。这些动物对人类有一种最原始的吸引力，但人类又由于畏惧而不敢靠得太近。在动物园里，大猫最受欢迎，前来观赏它们的游客最多，人们在自然栖息地观察到大猫时更是如获至宝。然而，在历史记录中，所有大猫类群的地理分布均大幅缩减，其数量在20世纪也大为减少。

    与化石记录反映出的更大的多样性、更广的地理分布、（可能）更丰富的局部和整体种群数量相比，这寥寥几个现存物种只不过是其留下的一抹浅影。晚第三纪及更新世期间的几次灭绝事件导致最后的古猫（巴博剑齿虎）和猫科动物的3个大族群——分别是后猫族、锯齿虎族和刃齿虎族，至少包括8个属24个物种——绝灭。此外，猫族中至少有5个大型物种也在更新世时期绝灭了。因此，在过去的1000万—1200万年间出现的大型猫科动物中，至少有五分之四已经消失了，同时需要指出的是，它们所捕食的众多有蹄类以及一些其他物种也在五大洲销声匿迹了。这是自然界的一个巨大损失，是自然进程与灭绝相伴随的结果，也是在生物多样性及其保护受到高度重视的今天尤其值得思考的一个现象。

造成物种灭绝的原因一直是古生物学家关注的核心问题，尽管在该问题上，人们已达成了一些有限的共识，如全球气候变化以及随之而来的栖息地的片断化、转变和更替，种间竞争，或者猎物群落的更替及其组成、结构上的变化。这些因素以及一些其他因素通常被用来解释物种灭绝的原因，但与之相关的实际过程和相伴随的环境因素往往是由推理和推测得出的。

这本科普著作是对现生以及灭绝的大型猫科动物（因此不包括云豹、纹猫和猞猁）的一次全面阐述，包括它们的起源、分异和适应辐射。7种现存大猫的结构、适应性和行为为我们提供了一个合适而宝贵的视角，从中可以比较和评估一些其他完全不同的属种，从而阐明它们的适应性和相关行为。化石记录的不完整性使得人们对远古动物的认识非常片面而不完善，往往只能从头骨、下颌和牙齿的部分残段中获得。这个问题在总体数量相对较少、自然条件下以小群体活动或过独居生活的动物中尤为突出，不管是哪种状况，它们死后遗骸完全保存下来的概率较小。庆幸的是，即使一开始整个动物的大部分或全部骨骼都是未知的，动物的独特性也可以从头骨和牙齿的常见解剖特征中识别出来。大型猫科动物也是如此，几乎所有的类群最初都是以不完整的残段被发现。最终，会有更完整的遗骸展现在世人面前，有时甚至包括一个或多个个体的完整骨架。对已经灭绝的一些剑齿虎类的认识和了解也经历了这样一段历史，例如锯齿虎和巨颏虎（在位于法国奥弗涅赛内兹的古老火山口发现了两具完整的骨架，分别属于锯齿虎和巨颏虎，在美国得克萨斯州的弗里森哈恩洞也发现了美洲的锯齿虎物种的一具完整骨架），以及剑齿虎（在西班牙中部的塞罗巴塔略内斯以及美国中西部的若干地点发现了剑齿虎属成员几乎完整的骨架）。如今，人们已经发现了较长时间以来鲜为人知而如谜一般的副剑齿虎的多具骨架化石（同样来自西班牙的塞罗巴塔略内斯），而首次记录出现于东亚的恐猫，也因在南非德兰士瓦的喀斯特洞穴堆积物中获得的骨架材料而广为人知。在美国加利福尼亚州发现了大量刃齿虎个体的遗骸，以洛杉矶盆地拉布雷亚沥青坑（Rancho La Brea，西班牙语，La Brea 意为沥青）中的化石为代表，得益于这个天然陷阱般的特殊沉积环境，它们是独特而无可比拟的。

本书作者艾伦·特纳（Alan Turner）以明晰易懂的文字详细介绍了这些大猫，包括它们在自然界中的位置、在化石记录中出现和保存的情况、个体（及系统分类）鉴别特征，以及与其生活方式、生存和适应性有关的基本解剖结构、生理、社会和行为特征方面的大量细节描述。灭绝物种在过去的动物群和社群（指一群利用相似资源的动物）中的位置、它们的最终绝灭以及现生代表的出现和扩散，在本书中都得到了充分的阐释。毛里西奥·安东的精美绘图在很大程度上令书中的文字更顺畅易懂，并增强了直观性。每幅图片都为读者提供了许多额外信息，并对特定的主题进行了必要的阐述。安东在动物解剖学方面的技能和专业知识在这本书中得到了充分的体现，特别是在一些特殊的复原作品中，经常用彩色插图的形式捕捉自然场景中灭绝的和现生动物的神韵。这些深入的绘制无疑是非常杰出的，充分证明了这位艺术家无双的知识储备和让史前生命重现生机的高超技艺。

这本书为现存以及史前大型猫科动物的演化和自然历史提供了很多有价值的见解。本书作者对这一主题的认识是深刻而渊博的，科学绘画师的才能为读者提供了高雅的视觉体验，具有非凡的价值。此书谨献给已故的比约恩·柯登，一位在食肉动物演化和古生物研究上有杰出贡献的科学家。这本书是非常值得阅读的，相信一定会广受读者欢迎。

F. 克拉克·豪厄尔（F. Clark Howell）
美国加利福尼亚大学伯克利分校人类演化研究实验室

前　言

化石是地球生命演化的记录，它们的存在已被广泛知晓。如果你让谁随便举一个化石的例子，下面三个类群中至少有一个几乎肯定会被提到：恐龙、猛犸象和剑齿虎。它们成为公众对化石的固有印象，尽管人们经常错误地认为上述物种与我们的史前穴居祖先都生活在同一时期。事实上，恐龙已经消失了6500万年，早在猫科动物、猛犸象及人类出现之前就绝灭了。

自从开始系统地收集骨骼遗骸，古生物学家们就认识到化石猫类的存在，现在已有大量有关这个动物类群的科学论文发表。19世纪上半叶，对一些标本的描述得以在法国发表，包括对目前所知应属于剑齿虎亚科锯齿虎（尽管法国著名古生物学家乔治·居维叶［Georges Cuvier］最初认为它们属于某种熊科动物）的犬齿的观察结果。早在1842年，丹麦古生物学家彼得·威廉·伦德（Peter Wilhelm Lund）根据他在巴西晚更新世洞穴中发现的骨骼命名了刃齿虎。伦德对这种动物的巨大犬齿印象深刻，因此将该物种命名为*populator*，意为"毁灭者"。1867年，英国古生物学家威廉·博伊德·道金斯（William Boyd Dawkins）和威廉·桑福德（William Sanford）发表了一份详细的图解目录，罗列了布里斯托尔南部门迪普地区的山洞中发现的猫科动物（主要是狮子）化石。在1866年至1872年间，他们发表了一项关于英国更新世猫科动物（同样主要是狮子）的详细研究结果。到了19世纪末，科学界已发现了一定数量的猫科化石物种，以至于早在1880年，美国古生物学家爱德华·柯普（Edward Cope）就试图对众多物种的名称及其可能的亲缘关系进行详细评估，为这类动物的研究制定规则。

然而，当时许多畅销书是以恐龙为主题的，猛犸象也获得了一定程度的宣传，但关于猫科动物以及它们的演化历史和化石亲属的详细信息却鲜少有专著供非专业人士阅读。因此，在这本书中，我们的目标是通过收集猫科动物的现代行为证据和化石记录，为大型猫科动物的演化提供一个权威而又通俗易懂的阐述。对于现生和灭绝类群，我们在全书的讨论中均有所提及，因为上述两种类群的研究对于全面理解这些令人着迷的动物的演化和博物学是十分必要的。现生猫类向我们展示了这些动物是如何生活和行动的，而化石则向我们展示了曾出现在历史舞台的种类繁多的猫科动物，它们形态各异，随着时间的推移发展出更加丰富多彩的演化模式。

我们将注意力集中在大型猫科动物身上，因为它们有相对完整的化石记录，并且在现生代表中，大型的动物对许多人来说也更具吸引力。从某种意义上说，这个决定是武断的，因为至少在现存物种中，人们发现它们在体形大小和体重上存在很大的差异。我们选择的标准是体重不低于40千克，因此包括诸如美洲狮和亚洲—非洲豹，但不包括猞猁和东南亚的云豹等其他猫科动物。有人可能会反对说，猞猁和云豹也是体形相当大的动物，但如果我们把它们也囊括进去，那么可能又会有人提出，为什么不继续降低标准将最小的种类也囊括进来。最后，所要研究的物种名单就会不断加长，本书也会超出合理的篇幅。

不过，这并不表示我们会把小型猫科动物完全排除在外，只是说我们的重点将主要放在那些体形较大的"亲属"身上。通过观察常见的家猫，就可以了解到猫科动物的很多信息。从结构上看，家猫可以被简单地看作狮子或豹子的缩小版；从演化的角度来看，大型猫科动物甚至可以被认为是某种类似家猫的动物的放大版。我们客厅里的宠物和它们的大型亲属有着相同的身体结构，都拥有长的四肢、锋利的牙齿和爪子，非常适用于捕捉、杀死并吃掉猎物。家猫的生活习性、捕猎行为和处理食物的方式与其他猫科成员完全一样，因此它和狮、豹以及已经灭绝的剑齿虎类一样，都是猫科家族的一员。当提到猫科动物的行为和解剖结构上的一些细节时，家猫也是一个便于读者在舒适的家中进行观察类比的典范。

我们现在呈现给读者的是一位对生物的演化、博物学和动物化石复原感兴趣的艺术家以及一位对实验室里干枯的骨骼上长出肌肉和皮毛是什么样子感兴趣的古生物学家合作的成果。因此，文中插图是讨论分析的一个组成部分，而且在多数情况下都是专门为文字所配。特别是对于那些化石物种，复原图都是直接根据现有的骨骼证据，而不仅仅是在现生猫科动物身上添加硕大獠牙的微调版本。我们希望通过这样的复原图让这些迷人的生物重新焕发生机。

这本书的布局方式反映了我们将化石和现生物种的信息结合在一起的意图。在第1章中，我们介绍了猫科动物在自然界中的位置以及我们如何给它们命名，阐述了什么是化石、如何找到它们并计算其年龄等问题，以这个简要框架作为开始。在第2章中，我们阐释了有关生物演化的一些原理，并总结了猫科动物自3000多万年前首次出现在化石记录中之后的早期历史。随后，第3章提供了我们从世界各地的化石记录中了解到的各个物种以及相关现生物种的详细信息，包括对各个现生物种化石历史的总结。在第4章中，我们讲述了猫科动物是如何生活的。这一章密切关注以下信息：猫科动物的视力为什么如此之好、它们如何使用爪子和牙齿以及如何运动等，并在结尾展示了我们是如何利用所了解的现生物种的知识来重建化石物种的解剖结构、运动方式，进而复原灭绝物种行为的方方面面。之后，在第5章中，我们将解剖学和运动功能证据与对猫科动物社会行为及捕猎活动的观察相结合，再次展示了当我们将各种证据综合在一起时，我们是如何来推断化石物种的相关信息的。第6章从宏观和长远的角度回顾了过去几百万年来地球上发生的变化，并在更广阔的时空框架下审视了大型猫科动物的演化历史。本章最后列出了一些可以观察到化石猫类的地方，为那些希望在任何一方面得到更多信息的读者提供了拓展阅读的参考。

致 谢

    如果不能观察到欧洲、非洲和北美相关研究机构收藏的标本，缺乏研究、测量、拍摄化石和现生标本以获得第一手资料的机会，本书的编写工作是无法完成的。我们感谢所有负责收集这些资料的人，特别是Jordi Agusti 和Salvador Moya-Sola（Institut Paleontologic Miquel Crusafont (Sabadell)）；Luis Alcala（Museo Nacional de Ciencias Naturales (Madrid)）；Jesus Alonso（Museo de Ciencias Naturales de Alava (Vitoria)）；Margarita Belinchon（Museu Paleontologic Municipal de Valencia (Valencia)）；Angel Galobart（Museo Arquaeologic Comarcal de Banyoles (Banyoles)）；Judy Maquire 和Bernard Price（Institute for Palaeontological Research (Johannesburg)）；Leonard Ginsburg，Germaine Petter 和Francoise Renoult（法国自然历史博物馆，巴黎）；Anthony Stuart（Castle Museum (Norwich)）；Elmar Heitzmann（Staatliches Museum fur Naturkunde (Stuttgart)）；Michel Philippe（Musee Guimet d'Histoire Naturelle (Lyon)）；Abel Prier 和Rolland Ballesio（Universite Claude Bernard (Lyon)）；Marie-Francoise Bonifay（Laboratoire du Quaternaire, CNRS Luminy (Marseille)）；Inesa Vislobokova（Palaeontological Institute of the Russian Academy of Sciences (Moscow)）；Marina Sotnikova（Geological Institute of the Russian Academy of Sciences (Moscow)）；Lorenzo Rook 和Frederico Masini（Universita degli Studi (Florence)）；Peter Andrews，Andrew Currant，Jerry Hooker 和Julliet Clutton Brock（大英自然历史博物馆，伦敦）；Richard Tedford（美国自

然历史博物馆，纽约）；Brett Hendey（南非博物馆，开普敦）；David Wolhuter，Francis Thackeray和David Panagos（Transvaal Museum (Pretoria)）；Hans-Dietrich Kalhke，Ralf-Dietrich Kahlk和Lutz Maul（Institut fiir Quartiirpalaontologie (Weimar)）；Jens Franzen（Forschungsinstitut Senckenberg (Frankfurt)）；Adrian Friday（Zoological Museum (Cambridge)）。

我们要特别感谢许多朋友和同事的讨论、建议和鼓励，特别是Dan Adams，Emiliano Aguirre，Jordi Agusti，Luis Alcala，Peter Andrews，Rolland Ballesio，Jon Baskin，Gerard de Beaumont，Andrew Currant，Giovanni Ficcarelli，Ann Forsten，Mikael Fortelius，Rosa Garcia，Leonard Ginsburg，Francisco Goin，Brett Hendey，Clark Howell，Ralf-Dietrich Kahlke，the late Bjorn Kurten，Adrian Lister，Martin Lockley，Gregori Lopez，Larry Martin，Jay Matternes，Plinio Montoya，Jorge Morales，Manuel Nieto，Germaine Petter，Robert Santamaria，Jose Luis Sanz，Chris Shaw，Andrei Sher，Dolores Soria，Marina Sotnikova，Fred Spoor，Richard Tedford，Danilo Torre，Blaire Van Valkenburg，Lars Werdelin，Bernard Wood和王晓鸣。特别感谢Harold Bryant在本书出版前为我们提供了有关猎猫科支序系统学方面的信息。

我们也非常感谢Clark Howell同意为这本书作序。他本人致力于食肉动物化石研究，经常与Germaine Petter合作，他们的工作一直是我们的信息和灵感来源。

图片版权

彩图14陈列在西班牙萨瓦德尔市的米盖尔克鲁萨芳（Miquel Crusafont）古生物研究所。

彩图16最初陈列在由西班牙马德里自治大学和自然科学博物馆组织的"史前的马德里"特展中。

目 录

彩图1 西方古剑虎的生活场景复原

这是古剑虎属最晚期的成员之一，化石发现于渐新世早期布鲁尔组地层中。与额叶古剑虎一样，它巨大而强壮。化石所在的沉积物特征反映了一种相当开阔的环境，但这种动物的身体比例却与那些林栖的现生猫类相似。因此我们认为，西方古剑虎很可能与现生豹一样，不仅可以自在地生活于植被繁茂的林地和草木茂密的峡谷，也可以冒险进入开阔地带寻找猎物。产自同一地层的其他食肉动物如鬣齿兽则可能更适于长期生活在开阔地带。

我们遵循"猫形动物"的基本皮毛图案将西方古剑虎复原成带斑点图案的。与猫科动物一样，这些猎猫科动物似乎存在性二型现象，图中我们看到身形较小的雌性正在池塘旁喝水。

彩图2　大后猫的生前外貌复原

这种猫科动物的大小与大型美洲狮（或说山狮）相当，事实上其外形也可能与美洲狮有一定的相似性。被归入大后猫的产自希腊皮克米和法国蒙特勒东（Montredon）的头后骨骼有着非常典型的猫类形态，中国和希腊沉积地层中发现的一些完整头骨也是如此，尽管它们的牙齿显示了一些剑齿虎类的特征。

彩图3　齿隙恐猫的生前外貌复原

这一场景设定在早上新世法国佩皮尼昂（Perpignan）地区的茂林地带。

彩图4　刀齿巨颏虎的头骨和头部复原

主要根据产自法国塞内兹地点的完整骨架上的头骨材料所绘。刀齿巨颏虎是剑齿虎亚科中下颌颏突最发达的一类，这使得它的外貌与一些猎猫科动物相似。非洲和欧洲的巨颏虎标本展示出了最发达的下颌颏突，而一些亚洲标本的颏突较小，与早期的纤细刃齿虎更为相似。刀齿巨颏虎的头骨具有一些非常进步的特征，比如异常发达的乳突、位置变低的上下颌关节以及非常退化的下颌冠状突。

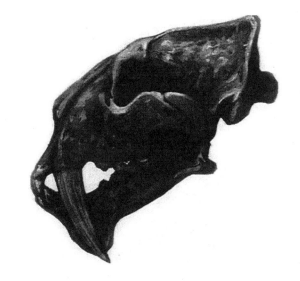

彩图 5　刀齿巨颏虎与它捕杀的幼鹿尸体

在杀死猎物后，这头大型雄性巨颏虎转过身来对着潜在的竞争

对手咆哮示威。

彩图6 一对毁灭刃齿虎伴侣

一对来自南美洲的毁灭刃齿虎伴侣正在开阔的野地互相问候。

注意观察这种动物粗壮的前肢。

彩图7　晚更新世阿拉斯加地区的狮子和猛犸象生活场景复原

非洲现今的猎物类群似乎可以判断出移动的狮群是想捕猎，还是仅仅向另一领地迁徙，然后再做出相应的行动。狮群无力捕杀成年猛犸象，但它们对象群中的幼年或病弱成员构成巨大威胁，从而引起成年猛犸象的骚动。在这个过程中，狮群多个成员将团结协作以确保能够持续监控猎物群体的行动。

彩图8　意外惊豹的生前外貌复原

根据这个物种在北美上新世到更新世期间的栖息地范围，我们选择在今天阿巴契亚山脉的山地景观中对其进行描绘。这个物种曾经还生活在佛罗里达州的沿海稀树草原和阿肯色州的开阔森林中。与后期的杜氏惊豹或旧大陆的猎豹相比，意外惊豹的各项解剖特征都没有那么特化，无疑有助于它在各种栖息环境中生存。

彩图9　两头缺乏经验的锯齿虎试图合作猎杀一匹马

这幅图展示了狮或虎可能对猎物采取的攻击方式，但这种攻击方式对任何上犬齿较长的猫科动物来说都是极其危险的。除非能够迅速切断猎物的主要血管，否则猎物的剧烈挣扎势必损伤其上犬齿。

彩图10　晚锯齿虎与它所捕杀的雄性多尔大角羊

在晚更新世阿拉斯加的猛犸象苔原环境中，晚锯齿虎有多种可供选择的猎物。因此，拥有白色的皮毛对这种猫科动物来说是有利的，使它在冰雪环境下不那么显眼。在现今的野生狮群和虎群中，白色突变体（与白化病不同）时有发生，尽管它们很少能够存活下来并繁衍后代，但过去的选择压力可能有利于这种变异发生。

彩图11　雄性巨型剑齿虎打斗场景

巨型剑齿虎是一种具有高度性双型的物种，在中国和欧洲发现的一些头骨与肢骨材料显示，雄性非常巨大。可以想象得到，这样的雄性会为领土而战以获得雌性的认可，正如图中所描绘的场景。

巨型剑齿虎是欧亚大陆吐洛里期开阔平原上的代表性动物，其生活方式可能在一定程度上与狮子相似。

彩图12　致命刃齿虎集群捕猎北美野牛

即便刃齿虎有着强大的力量，捕获一头成年野牛仍需要若干个体的团队合作。图中所描绘的猎物是古野牛（*Bison antiquus*），它是拉布雷亚沥青坑中最常见的食草动物，很可能是刃齿虎的主要猎物。

彩图13 隐匿剑齿虎追捕中新羚（*Miotragocerus*）的场景

作为欧洲瓦里西期（晚中新世）一类非常繁盛的物种，潘诺尼亚中新羚（*Miotragocerus pannoniaewns*）可能是外形似虎的隐匿剑齿虎所喜好的猎物。这种羚羊的蹄的结构表明，它可能比原始三趾马（*Hipparion primigenium*）跑得慢，但也可能是一个相当娴熟的游泳者。这表示，与水羚属（*Kobus*）的现存水生成员一样，中新羚可能会进入水中以躲避追捕。反过来，隐匿剑齿虎会试图抓住还没意识到危险的个体并切断其退路。

彩图14　中中新世加泰罗尼亚瓦尔斯盆地的景观

在这个河边森林中，生活有爪兽（*Chalicotherium*）、恐象、
无角犀（*Aceratherium*）、利齿猪（*Listriodon*）和小型皇
冠鹿（*Stephanocemas*）等动物。

彩图15　雪地中的晚锯齿虎

尽管北美的锯齿虎在数量上没有刃齿虎那么多，但从它们的延续时间来看，它们是演化得非常成功的类群，直到更新世末期才绝灭。相比刃齿虎，它们似乎生活在海拔和纬度更高的地区，可能非常适应寒冷环境。我们有理由想象它们会像猞猁和雪豹一样，长出长长的毛发。

图中展示一个锯齿虎母亲正领着成年大小的幼崽前行，不过这个物种也可能有着更复杂的社群。

彩图16　奥利瓦庞顿（Ponton de la Oliva）的生态景观

在炎热的白天，短吻硕鬣狗（*Pachycrocuta brevirostris*）正躲在阴凉的岩壁下休息，却被三只跑过的亚洲豺犬（*Cuon alpinus*）所打扰。

1

猫类在自然界中的位置

地球有大约45亿年的历史，而至少在2.5亿年前就已经有哺乳动物在地球上繁衍生息。猫科动物以及我们人类都属于哺乳动物纲，这一大类群的主要特征是具毛发、乳腺及胎生[1]。哺乳动物又可以分成三大类群，我们人类属于其中一支——有胎盘类，另外两支是具有育儿袋的有袋类（如袋鼠）和产卵的单孔类（如鸭嘴兽）。哺乳动物与其他拥有骨质骨骼的动物，如恐龙、鸟类或鱼类，一起构成了我们常说的脊椎动物，在分类学上是脊索动物门之下的一个亚门。事实证明，这些骨质的硬骨骼是脊椎动物优异化石记录的主要来源。

本书第4章将详细介绍猫科动物骨骼和肌肉的解剖学知识，但由于牙齿和骨骼是我们讨论的重要部分，因此有必要提前介绍一些会用到的术语。图1.1展示了两种典型猫科动物的骨骼，一种是现生的狮，另一种是产于美洲的已经灭绝的致命刃齿虎（ *Smilodon fatalis* ）。图1.2则展示了现生豹的头骨和牙齿特征。正如你所见，除去身体比例以及头骨、牙齿上的细节差异，狮和刃齿虎总体上是非常相似的，两种动物在同样的位置具有相同的骨骼。基本上，所有的脊椎动物也都是如此，尽管在一些类群中，相对应的部分发生了显著的变化，如四肢在鲸类中的退化和在海豹中的极端改造。这种一致性让我们得以为身体各部分结构定名。不管是现生的猫、灭绝的剑齿虎，还是人类，我们都将它们的上臂骨骼称为肱骨。

---

[1]除单孔类为卵生外，其他哺乳动物均为胎生。——本书中脚注无特殊说明，均为译者注。

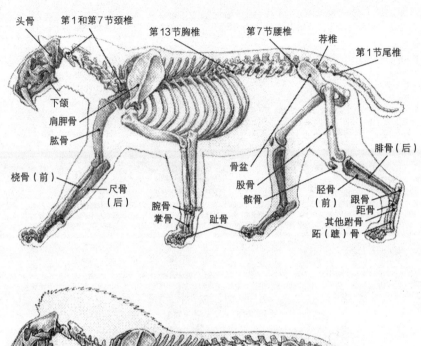

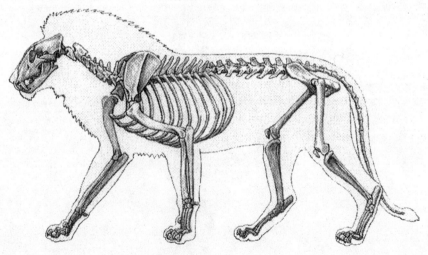

图1.1 骨架结构图：致命刃齿虎（上），狮（下）

展示了两种亲缘关系较远的猫科动物在骨架结构上的相似性，并标出了不同骨骼的名称。

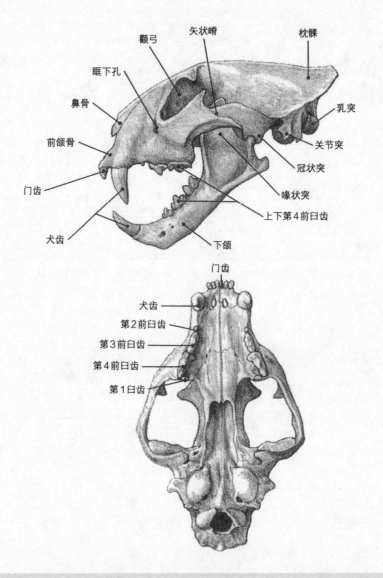

颧弓　矢状嵴　枕髁

眶下孔

鼻骨

前颌骨

门齿

犬齿

乳突

关节突

冠状突

喙状突

上下第4前臼齿

下颌

门齿

犬齿

第2前臼齿

第3前臼齿

第4前臼齿

第1臼齿

图1.2　豹的头骨

图中标出了牙齿和主要头骨特征的术语。

大约在6500万年前，恐龙灭绝，哺乳动物开始成为大型陆生动物中的优势类群。在这一时期，很难找到与现存物种有相似样貌的生物，尽管在化石材料中可能会观察到更宽泛的相似性。从那时开始，物种相继出现又相继消失，一些动物族群整体走向绝灭，之后新的族群（比如我们人类）诞生。猫类，或者更准确地说猫科动物，也是这样一个族群。

命名系统

为什么将猫类归为一个科？当我们在讨论某个特定类群时，为了确保每次提到的名称都指代相同的事物，学术界基于瑞典自然学家卡尔·林奈（Carl Linnaeus）在200多年前提出的基本命名原则，建立了一个正式的命名系统。因此，当我们提到某种特定的动物，羊或是狼，这个名称均代表一个物种。每个物种都有一个正式的拉丁学名，由两部分组成：属名以及它本身的种加词。一个属由若干相比其他物种亲缘关系更近的物种组成。换句话说，它们享有一个共同祖先。属名第一个字母要大写，整个学名通常用斜体书写。

在这个系统中，狮的学名是*Panthera leo*，包括属名*Panthera*及种加词*leo*，与豹的学名*Panthera pardus*及虎的学名*Panthera tigris*相区别。与其他类群相比，该属的上述三个成员之间的亲缘关系被认为是最近的，它们都属于豹属动物。而猎豹被归入另一个属中，学名为*Acinonyx jubatus*。（通常，在一句话或一个段落中，当同一个属名被多次提及时，除去一些可能引起歧义与混淆的情形，仅需要在第一次提及时给出全名，后面出现时均可用属名的首字母缩写代替。例如，*Panthero leo*、*P. pardus*、*P. tigris*。）诚然，很多物种都有俗名，如狮子、豹子或老虎，但大部分化石物种并没有俗名，在这种情况下，我们只能用其拉丁学名表示。对于非专业人士来说，这种动物命名方法似乎比较笨拙，但不可否认的是，它保证了名称的准确性，当使用不同语言的人在谈到或写到某种动物时，用的都是同一个名称。致命刃齿虎仅能通过 *Smilodon fatalis* 这个名称来明确地指代。几乎所有人都至少对一个学名耳熟能详，那就是世界闻名的霸王龙 *Tyrannosaurus rex*。中国人熟知它的中文译名"霸王龙"或"暴龙"，而在西方国家，它都是用学名来表示。事实证明，尽管如此也并没有阻碍公众对它的兴趣和电影的知名度。

不同的几个属随后被归入一个科中，这样我们就有了猫科（Felidae）来涵盖各种各样的猫类。猫科是正式学名，非正式的名称通常用猫类（felids）来表示。不同的犬被归入犬科（Canidae，犬类）中，不同的鬣狗被归入鬣狗科（Hyaenidae，鬣狗类）中。上述三个科又与熊科（Ursidae，熊类）等其他科一起被归入食肉目（Carnivora）中。不管怎样，我们都应清楚地认识到，"食肉目"与其非正式说法"食肉类"（the carnivores），均代表一类（目）彼此亲缘关系较近的动物。但是"食肉类"这个词平常也用来表示各种吃肉的动物。我们人类吃肉，因此也是"食肉的"，但不是食肉目的成员。我们与猴、猿一起被归入灵

The Big Cats and Their Fossil Relatives   大猫和它们的化石亲属

长目（Primates，一些猴和猿偶尔也会吃肉）。更容易让人混淆的是，有些食肉目成员走上了特殊的演化之路，变得不再只吃肉。其中最常被提及的例子是大熊猫，众所周知，它爱吃竹子，尽管它也仍然会吃肉并保留了一套能够充分处理肉质食物的消化系统。因此，认识到这种术语差异的存在是很重要的，在本章中除非特别说明或者上下文另有强调，"食肉类"一词指食肉目动物，而不是食肉的动物。

食肉目与啮齿目（Rodentia，啮齿类）、偶蹄目（Artiodactyla，具有偶数个趾蹄的有蹄类动物，如羚羊、鹿）及我们灵长目等都属于哺乳纲。这种应用于动植物界（界是更高的分类单元）的分类命名系统反映了不同种、属等等之间的亲缘关系的远近，对于动物学家、植物学家及古生物学家来说非常有用，是一种快速记录物种归属和性质的方式。在这个分类系统中，我们有：

界（Kingdom）：动物界（Animalia）

门（Phylum）：脊索动物门（Chordata，脊椎动物亚门［Vertebrates］）

纲（Class）：哺乳纲（Mammalia）

目（Order）：食肉目（Carnivora）

科（Family）：猫科（Felidae）

属（Genus）：豹属（*Panthera*）

种（Species）：狮（*Panthera leo*）

诚然，这种分类体系呈现的是一幅非常简化的物种等级图。我们已经提到过，相互之间亲缘关系最近的物种起源于一个共同祖先，它们一起被归入更高的分类单元——属。同样在一个科内，一些属之间的亲缘关系相比其他属更近，这样就组成了介于科级和属级之间的自然的分类群。目前存在两级这样的正式分类群，分别是亚科（subfamily）和族（tribe）。但是，由于不同属之间的亲缘关系只能基于推断，因此，在将它们归入高阶元的分类群时并不总是那么容易。事实上，即使是对现生的猫科动物，要进行理想的分类也是十分困难的。可以预想，化石类群的加入将使这个问题变得更为复杂。就本书的目的而言，我们选择采纳两个亚科、四个族的分类框架为大多数猫科物种进行分类，两个亚科均起源于早期的基干类群，包括了原猫属（*Proailurus*）和假猫属（*Pseudaelurus*）。在这个框架下，狮是猫亚科下面的猫族（Felinae）的成员，猫亚科即具圆锥状犬齿的"真猫类"。猫科的另一个亚科是剑齿虎亚科（Machairodontinae），这类动物具有扁平而拉长的上犬齿，通常被划分成三个族。我们将在第2章和第3章中更详细地讨论猫科动物的分类知识。

化石：它们是什么，如何形成的？

我们已经提到过，本书主要关注的是大猫及它们的化石亲属。可什么是化石，化石又是如何形成的呢？

我们应该明确地认识到，大多数曾经生活在地球上的动物现在已经绝灭了。但许多仍以骨骼和牙齿的形式存在于我们周围以及脚下的地质沉积物中。有时，我们甚至得到了动物软体部分的化石记录，水母的印痕就是其中最极端的例子。这类动物没有任何骨骼，但身体在被沉积物覆盖后，足以完好地保留大量的细节。诸如此类的生命遗存就是化石（fossil）——这一名词曾被用于泛指任何从地底挖掘出来的物体，但现在特指保存在地下的史前生命遗存，尽管有时会扩展到涵盖那些生命体的生活遗迹（比如脚印）。即使在缺失骨骼化石的情况下，这些遗迹也能给我们提供相当多的信息，我们将在第4章中看到这一点。

因此，我们所研究的化石是不同环境中死亡的动物遗骸。在适当的环境条件下，骨骼和牙齿可以很好地保存下来，但是我们也应该记住，化石记录只保存了过去生活的所有生命个体中很小的一部分。破坏性的地质或生物作用将使得大多数骨骼无法留存。比如遗体会在地表腐烂，或被其他动物吃掉，也有可能在沉积物积聚形成地层的过程中受到破坏。因此，并不是每一个死去的动物都能变成化石，即使是幸存下来变成化石的骨骼也可能随着沉积物被逐渐侵蚀而消失。

首先，快速掩埋是确保生物体能够保存下来形成化石的最有效的方式之一。动物的骨骼是一种由有机质和以磷酸钙为主的矿物质形成的组织。虽然看起来像无生命的，但活性骨骼被切开时会出血。当动物死亡时，骨骼的有机质部分（主要是胶原蛋白）开始流失，随着时间的推移，在足够酸性的条件下，整个骨骼可能会完全消失。而骨骼一旦被沉积物覆盖，地下水可能也会浸入骨骼基质中，从岩石和沉积物中溶解得到的矿物质将逐渐替代一部分骨骼成分。当骨骼被埋入石灰岩洞穴时，上述过程尤为典型，如图1.3所示。洞穴绝不是唯一能找到化石的地方，却是世界各处大型猫科动物遗骸的主要发现地，这些猫科动物可能居住在这些洞穴中，或是被困在洞穴里。后者的典型例子是怀俄明州中北部的天然陷阱洞穴（Natural Trap Cave），这个洞穴由拉里·马丁（Larry Martin）主持发掘，出产了美洲猎豹（杜氏惊豹，*Miracinonyx trumani*）的完整骨架、美洲拟狮（*Panthera atrox*）的残骸以及其他食肉类和猎物类群的骨架材料。在许多情况下，这种洞穴沉积物（俗称洞穴土）可以轻易地从化石上移除，但有时埋藏的结果是，化石实际上已经变成了字面意义上的石头，并被包含在胶结坚硬的、被灰岩中溶解的碳酸钙所浸染的洞穴沉积物中。

骨骼被水系沉积物如河流或湖泊相沉积物包裹时，也可形成适合化石保存的环境，如图1.4所示。其中，最令人印象深刻的化石集群来自美国加利福尼亚州著名的拉布雷亚天然沥青坑。在那里，剑齿虎、狮子、犬类以及它们的猎物被隐藏在水坑底部的黏稠沥青所困，事实证明这些沥青是一种极好的防腐剂。因此，化石形成的关键在于时间和一系列合适的环境。

洞穴可以出产保存完好的化石标本。即使沉积物已被完全胶结，在使用低浓度（10%—15%）的醋酸溶液腐蚀掉坚硬的围岩后，骨骼便能显露出来。醋酸溶液可以溶解沉积物中的碳酸钙，但不会破坏骨骼中的磷酸钙。这些标本通常保存完好，可以像新鲜骨骼一样进行研究。对各地发现的保存较好的化石材料，我们

图1.3 洞穴化石的形成

在晚更新世弗里森哈恩洞穴中发现了一具部分骨骼仍相连接的长着"弯刀形"犬齿的锯齿虎骨架，这一发现源自一连串的巧合。宽敞的洞穴成为猫科动物和一些其他食肉动物的巢穴。在第一幅图中，我们可以看到一头锯齿虎（从牙齿的严重磨损情况判断，是一头老年个体）正在洞室中心的水池旁寻找阴凉处休息。骨骼被发现的位置表明，这一动物死亡时呈侧卧姿势。第二幅图是岩洞的示意图，展示了冲积物是如何进入岩洞并将尸体掩埋的。这肯定是在动物死后不久发生的，否则，动物的尸体就会被食腐动物破坏甚至完全毁掉。在第三幅图中，我们看到了几千年后的洞穴。冲积物最终堵塞了旧的洞穴入口，并将骨骼埋在了沉积物下方，其中还包含其他动物的骨骼。直到更近的时期，洞顶坍塌，形成一个陷坑，之前的洞穴便暴露出来，使我们可以对其中的埋藏物进行发掘。

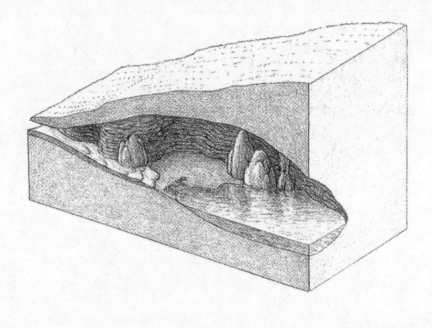

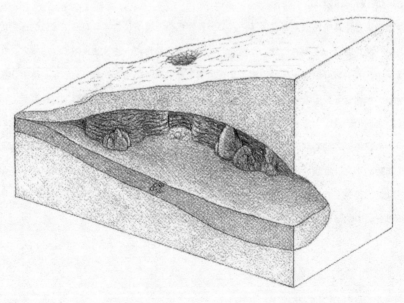

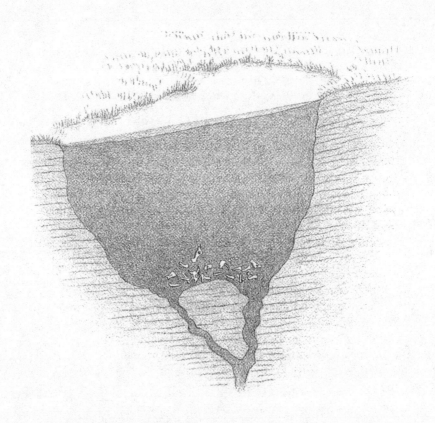

图1.4　露天沉积物中化石的形成

美国加利福尼亚州的拉布雷亚沥青坑遗址埋藏了众多动物骨骼化石，这幅图描绘了这一系列事件可能的发展过程。在第一幕中，一头野牛来到此处饮水，没有意识到这里的水是覆盖在黏糊糊的沥青之上，最终这头野牛陷入沥青中无法逃脱。在第二幕中，受这头被困的野牛吸引，三头饥肠辘辘的刃齿虎前来觅食，后面紧跟着三头恐狼。在最后一幕中，捕食者和猎物的骨骼暴露在沉积物剖面中。

可以详细测量，估算肌肉的大小和力量，结合化石信息和我们对现生亲属或大致相似物种的了解，大体上重建出动物生前的样貌。

牙齿是骨骼中非常特化的一部分，同样能在适当条件下非常完好地保存下来。它们结构复杂，包括内外两部分，内部包含一种类似骨骼的物质，被称为牙本质（dentine，也称齿质），外部则被坚硬的牙釉质覆盖。接下来我们会发现，牙齿能够告诉我们很多有关动物生活方式的信息，特别是取食方式。由于牙齿在咀嚼的过程中会被磨损，因此，它们也有助于我们确定动物死亡时的年龄。

化石的年龄

本书中，我们关注的所有动物都生活在过去大约3000万年间。但是，我们是如何知晓从它们死去到现在已经过去了多久的呢？

通过观察某一地层是否覆盖于另一地层之上，就有可能确定化石的相对年龄。根据地质学的"地层叠覆律"（law of superposition），最新的地层（包括其中的化石）是最年轻的，而特定的化石群组合使我们能够将不同地方的地层联系起来。人们在对化石研究感兴趣之初就认识到了这一原理，直到如今，它仍然是古生物学阐释中的一个重要部分。所谓的生物地层学（Biostratigraphy）构成了大部分地质年代表的基础，但这门学科本身并不能告诉我们沉积物是多久以前形成的。对于这个信息，我们必须等到其他学科领域的发现以及技术的发展来让沉积物发挥作用。

对于含化石猫类沉积地层的绝对年龄以及其他岩石和地球本身的确切年龄，现在可以通过各种方法进行测定。很多最有用的技术都需要测量由母质矿物通过放射性衰变所产生的子质矿物的含量：通过获取衰变速率，就有可能估算出自地层形成至今所经历的时间。这些放射性物质通常发现于火山喷发所产生的沉积物中，在世界上许多地方，这样的沉积物刚好位于化石层的上方或下方。如此一来，含化石沉积层便附带了绝对年龄的信息，但这种测年方法很少直接应用于化石本身。有一个例外是放射性碳同位素年代测定法，其中放射性碳元素与非放射性碳元素的比率用来估算动物（或植物）死亡至今的时间。这一比率是由空气中的碳含量和动植物从食物中所吸收的碳含量决定的，而在所有活着的生命体中，这个比率是恒定的。但是，在生物死亡之后，它将以一个已知速率进行衰变。不幸的是，它的衰变速率非常之快，以至于这种方法仅能应用于过去4万年内死亡的动植物化石，这样的时间尺度对于本书所关注的大多数事件来说太短了。

当然，并不是每种沉积物及其化石组合都能精确定年，但是我们仍然想知道，按照事件发生的顺序，应该将标本置于哪一个时间段。正是在这种情况下，我们回到生物地层学的原理，通过与其他地方已知年龄的地层中相似的动物或者动物群对比，我们可以推知化石群的大致年代。在绝对年龄测定技术出现之前，这样的方法被用来制定年代学框架，其中不同的沉积地层被置于已命名的代（Era）、纪（Period）和世（Epoch）等年代单位中。现在我们可以用绝对年龄来划分这些年代单位，这些年代单位也被广泛地用于指示动物生活或事件发生的大致时间，是一种快捷的表述方式。表1.1列出了最晚近的主要地质年代的名称和时间，这些信息我们将在本书中作为参考。

表1.1

百万年（Ma）	地质年代
0.01	全新世（最近）
1.6	更新世
5.0	上新世
25.0	中新世
35.0	渐新世
55.0	始新世
65.0	古新世

化石的发现与挖掘

从对潜在化石点及沉积物的细心探寻，到矿产开采或建筑工程中的偶然发现，化石可能以不同方式被发现。不管是河流或筑路工程切穿了适当年代的沉积地层，还是海水侵蚀导致上覆沉积物流失，在破坏作用产生的残余剖面或悬崖上都很有可能找到化石。洞穴沉积物中可能包含了来自不同动物的数百块骨骼化石。由于猫科动物等猎食者经常躲憩在洞穴中，一些洞穴沉积物成了格外丰富的信息来源。

不管这些化石是如何被发现的，要想取出它们都需要经过仔细地挖掘。不这样做的话，很多信息可能会丢失。如果处理不当，标本将受到损坏，来自不同个体的骨骼可能会混杂在一起，造成无法挽回的后果。幼年动物的骨骼尤其脆弱，如果它们被破坏，那么我们对沉积物性质的认识就会完全改变。最重要的是，对相关研究具有重要指导意义的背景信息可能会丢失。对于发现化石的人来说，最好的做法是在试图挪动化石之前寻求专家的建议。

适当的挖掘方法是缓慢地将化石清理出来，以便能研究每一块骨骼的埋藏位置，并确保即使最小的骨块也能被找到。破碎或损坏的骨骼会被裹在大块的沉积物中整体取出，或者在原地加固随后修复，可能还要裹成一个石膏包。这种方法需要专业的设备和材料，并且需要对所处理的化石类群的解剖特征有良好的认识，以便很好地预测已暴露部分的下方或另一侧的情况。更进一步的处理可能需要借助于实验室设施，修复和加固破碎或易碎的部分，确保标本在储存或搬运过程中不会损坏。处理这类化石的最佳方式是长期保存在一个管理严密的收藏馆中，在这样的地方，有序的管控可以确保这些化石能够在后世得到更加细致的观察和研究。

复原重建

寻找和发掘骨骼化石只是研究工作的开始，这一步十分必要，是否能从化石材料上得到全部信息就取决于这一步。在研究工作中，最有趣的是复原重建的过程。在这个过程中，骨骼首先被重新组装，填补上缺失的部分，然后便可以致力于绘制动物的生前样貌以及它们的生存环境。

图1.5　基于具匕首形犬齿的巨颏虎头骨绘制的头部外貌复原

从这些素描图中可以看出，掌握化石猫类的骨骼解剖结构或骨骼学特征是复原其外貌的最重要基础。随后以现生物种为参照，添加软组织结构，根据骨骼上的肌痕来复原相关肌肉的大小及强度，更详细的讨论见第4章。

最重要的是，需要将来自化石和沉积物的信息与现存动物的信息相结合，后者包括与化石动物有相近亲缘关系或因处于相似生存环境而具有相似特征的动物。解剖学知识有助于将肌肉，甚至最终将皮肤复原于骨骼上，而有关当时环境和其他动物类群的信息则可以用来恢复其生活场景。

这本书的插图是基于所研究物种的骨骼形态和比例，在相关部位损坏或缺失的情况下则会进行合理的相近还原。我们在第4章中详细讨论了复原过程并介绍了猫科动物的解剖学特征和功能，图1.5也展示了复原工作的大致步骤。

2

猫科动物的起源与演化

从水母到恐龙，在众多的史前生命中，猫科动物有着优异的化石记录。当其他因素相同时，动物体在死亡并被沉积物埋藏后，以化石形式被发现的概率在很大程度上依赖于其体形大小，而许多猫科动物都是体形相当大的个体。诚然，作为大型捕食者，猫科动物在食物链中占据着非常特殊的位置，简要地说，即是生命金字塔的顶端。为了生存，动物在数量和体重上必须低于其食物资源，这也是为何羚羊和斑马总是多于狮或斑鬣狗，而又需要大面积的草地维持生存。据估算，食肉目动物的数量约占哺乳动物的10%，但其生物量仅占2%。

因此，猫科动物化石总体来说应该少于其他许多物种。幸运的是，许多洞穴沉积物及天然陷阱所保留的丰富化石记录，在一定程度上补偿了这些顶级猎食者个体数量少的天然劣势。正如我们在上一章中提到的，很多捕食者将洞穴用作休息及进食的场所，这意味着在这些地方常能发现捕食者及猎物遗骸，洞穴成了骨骼化石的天然集中营。但是通常情况下，在大型食肉动物的遗骸中，熊和鬣狗最为丰富，猫科动物往往仅有少数个体。一些重要的例外情况仅见于类似天然陷阱的洞穴，受洞中其他动物尸体的吸引，猫科捕食者可能会不慎跌落或跳入洞中，最终没能逃出。一些露天化石点与上述洞穴化石点同样重要（在某种情况下甚至更为重要），如美国洛杉矶的沥青坑中发现的猫科动物及其他捕食者的化石数量远远超出它们在自然种群中的密度。如此，众多地点的化石记录相互拼合补充，让我们对猫科动物的演化有了更多的认识。

粗略审视猫科动物的化石记录，我们会看到，许多类群在牙齿和骨骼上非常类似现在的家猫，但仔细观察就会发现，这些动物中有许多都与我们今天所熟知的物种大不相同。当然，一般只有牙齿和骨骼能被保存为化石，所以严格地讲，我们通常所谈论的就是这些特征上的差异，而非整个动物的差异。不过，基于我们对现生物种的研究，这些特征差异通常足以说明问题。此外，正如我们此前所提到的，足迹也可能被保存为化石，在一些特殊环境下，还可能保留有软组织的证据。例如，德国的梅塞尔（Messel，始新世）及霍恩内格（Höwenneg，中新世）遗址就出现过保留有毛发及胃容物的骨架。但就我们目前所知，还没有发现过保存在这种状态的猫科遗骸。

演化，作为生物学的基本概念，是连接过去和现在的纽带。正是演化，造就了我们身边形形色色的植物和动物。所以，接下来我们将从概述一些重要的事件开始，从适当的角度展示猫科动物的演化历程。

演化

我们知道，生命演化的时间以百万年计，这种演化是自然选择作用于个体间变异的结果。至少从达尔文1859年出版《论通过自然选择的物种起源》（*On the Origin of Species by Means of Natural Selection*）一书开始，这个道理就已被人所熟知。但是，为什么个体间会存在差异？由什么机理产生？新的物种又是怎么形成的呢？

从研究领域来说，演化是一个庞大而艰深的课题，而它的核心却又如同遗传机制一样，在根本上是极其简单的。我们细胞染色体中的DNA（脱氧核糖核酸）分子中所含的基因编码将从亲代传给子代，为个体在成长过程中的变化发展制订了基本蓝图。编码本身是简单的，但它具有传送大量信息的能力。在进行有性生殖的物种，如我们人类和其他哺乳动物当中，后代从双亲处获得遗传信息，而双亲的这些遗传信息又是从各自的双亲处得来。由于双亲中来自上一代的遗传信息在不同卵子或精子中有不同组合，因此，双亲的每个精子或卵子也不相同，传递给下一代的遗传信息也就不同。结果是，除了同卵双胞胎，每个后代在遗传上均区别于双亲及其他兄弟姐妹（尽管家族特征可能仍可见）。这样一来，每个物种的遗传组成会出现无限种可能的变化序列，这一系列变化使我们得以用不同大小、形状及面部结构区分如我们人类自身的不同个体，尽管我们的整体特征是一样的。自然选择在相当长的时间内作用于生物的特征，如力量、耐力、速度等，产生具有方向性的改变，使生物适应环境。但是，请注意，适应不代表完美，生存并产生后代才是适应的关键。

在进行有性生殖的动植物中，来自双亲的用于产生后代的必要遗传信息，仅能够由互相视为配偶的个体通过上文所描述的方式进行结合。在这点上，猫科动物与其他生物没什么不同。不管是一头狮、虎、豹，还是一只鹦鹉，物种就是一群通过共有的配偶识别和交配繁殖系统结合在一起的生物体。这个系统将涉及潜在配偶之间的信号传递，而系统的具体形式在不同种、科、目间有所差异。一些动物使用叫声，一些动物用毛发的颜色和图案，而另一些则可能用动作进行展示、炫耀，所有的方式都可能被用于复杂的求偶仪式当中。在一些物种中，化学信号在求爱中同样甚至更为重要，但是，繁殖系统的确切性质将取决于生物体所在的栖息环境。

我们认为自然选择作为变化的驱动力，使生物体适应于其所生存的环境。随着时间的推进，久而久之，牙齿变得更适于处理食物，四肢变得更适于奔跑、攀爬或挖掘。猫科动物似乎证实了这样的观点：它们追逐、抓捕及杀死猎物的能力十分出众，其牙齿能够迅速肢解和咬食猎物的尸体。一般来说，这个观点无疑是正确的，但自然选择本身也是一种极为保守的驱动力。它会避免身体特征无限制地发展，如避免牙齿因过度增大而影响正常进食。同时，当动物在惯常栖息环境中生存时，自然选择将作用于与繁殖系统有关的方方面面，以保证动物能正常繁殖。尽管牙齿结构的一些变异对于处理食物影响不大，稍短的四肢也对动物的行程和速度影响不大，但繁殖系统本身的运行必须有一定的精确性，否则就不会产生在某些方面适应性更强的下一代了。

当环境条件不变、繁殖系统稳定时，物种将持续存在。但是，当环境改变时，种群会面临新环境对其生活方式造成的影响。在这种情况下，种群有三种选择：要么适应新环境，要么走向绝灭，要么迁徙到一个更适宜的地区。若新环境将原始种群中的一小部分隔离开来，并且对繁殖系统产生了影响，那么自然选择将相对快速地发挥作用，使这个小种群发生改变。举一个简单的例子，当一个区域的树木变得更茂盛时，通过视觉信号传递信息的求偶方式将不那么有效，通过声音传递信号的求偶方式将由于自然选择作用而得到发展。当新种群与原种群再次相遇，由于求偶方式的改变，两个种群可能不再能够自由交配。在这种状况下，由于两个种群不再有共同的繁殖系统，新的物种产生了。这样的新物种由于仅保留有原始基因库中的部分可遗传变异，它可能趋向于相对迅速地改变形态，以区别于祖先物种，并可能在化石记录中被我们识别出来。

通过这样的方式，我们可以从化石记录中了解生命演化的两个主要特征：生物形成适应环境的特征，新物种出现。同时，我们也应该注意到其他两点。第一点，在新物种形成后，祖先物种仍将较好地持续生存。第二点，生物成种、绝灭及扩散是相互关联的。生命发展中的主要变化，包括扩散、绝灭及新种起源，可能由物理环境的改变直接引发。在缺失环境变化的情况下，物种将会继续存在，这也是许多物种尤其是那些环境广适性物种能够延续很长时间的原因所在。

随着技术的不断改进，我们可以在实验室中更细致地研究生命组成，通过研究现生生命，我们得以了解演化的机理。这种方法让我们得以解构出基因代码，观察它们怎么从一个细胞复制到另一个细胞，从上一代传递给下一代。这样的研究是困难的，需要熟练掌握实验技术，对于想要取得研究进展和轻松获得知识的非专业人士来说是一道难以逾越的障碍。但是，大时间尺度下，演化起作用的长期证据都能从化石记录的变化规律中得出。所以，猫科动物的演化历史可以看成是地球生命复杂演化图景的一部分。

食肉目的起源及古猫的出现

个体化石在适宜的条件下可以保存上百万年，但正如人们所预料的，化石年代越久远，我们能从中获得的信息就越少。埋藏化石的沉积物后期可能遭到破坏，或者因根本没有适宜的沉积物而造成化石记录的间断。我们知道，所有现生物种都有祖先，并且我们可以明确地辨认出生活在大约6000万年前（古新世）的动物中哪些是食肉目的成员。但是，对于我们所理解的猫科动物（有时被称为新猫 [Neofelids]），直到3000万年前的渐新世中期才有确切的发现，其化石记录也是直到1000万年前的中新世末期才真正丰富起来。在这期间（6000万年前—3000万年前之间），有许多在形态上酷似猫类的动物出现，早前它们曾被认为是猫科动物（True cats）的祖先，因而被称为古猫（Palaeofelids）。

然而，最近的研究表明，这些猫形动物与现生猫科动物存在明显的不同，哈罗德·布莱恩特（Harold Bryant）认为它们属于另一个单独的科——猎猫科（Nimravidae）。听泡的组成是区分猫科和猎猫科动物的主要骨骼特征（图2.1），听泡将中耳包覆为一个几乎封闭的空腔，对听觉至关重要的三块听小骨（锤骨、砧骨和镫骨）就位于其中，这三块骨头将耳膜与内耳连接起来，从而将声音传输至大脑。在人类和其他灵长类动物中，这种声音传导机制位于颅骨基部，但在许多其他类群如食肉目中，则位于外部鼓室。猫科动物的听泡内部被一个叫隔板（septum）的结构分隔成两个鼓室，但猎猫科动物既没有隔板也没有完整的听泡，

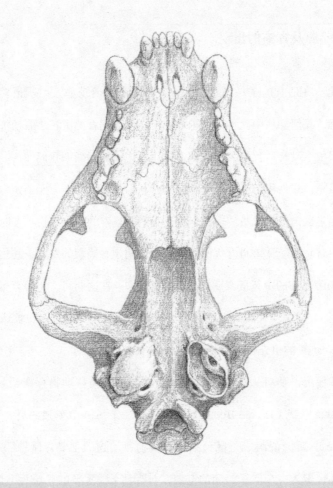

图2.1 听泡的结构

虎的头骨（腹面），左侧为完整听泡，右侧为听泡切面，可观察内部结构。可以看见鼓室内部另有一小的空腔。将鼓室分隔开的骨壁称为隔板，同样以切面图显示其中空的内部。

在猫形的猎猫科动物中，这些结构是不同的：一些猎猫科动物的听泡是软骨质的，因此没能保存为化石。而另一些猎猫科动物的听泡虽已经骨化，但缺少一个真正的隔板——尽管可能存在一个表面上类似的结构，称为原隔板，但其骨骼组成与真正猫科动物的隔板不同。

仅由软骨包围中耳腔，不能形成化石。因此，通过是否具备隔板和骨化的听泡可以将猫科动物识别出来，这种特征叫作类群共有特征（shared character）。以上情况表明，猎猫科和猫科最早的祖先是分别演化的两个支系，前者不会是新猫的祖先类群。

图2.2显示了猎猫科在食肉目系统发育树（祖先—后裔关系模式图）中的位置，它构成了一个单独的族群。如果这种分支是正确的，那么猎猫科动物表现出了一定程度的趋同演化，发展出一些见于猫科动物的特殊形态特征，如修长的四肢、带爪的足、缩短的面部、发达的裂齿以及大而尖利的犬齿等。其中，猎猫科和猫科在牙齿方面的趋同演化是最显著的，特别是二者都有一些属发展出了巨大的上犬齿，俗称"剑齿"。这些牙齿又长又扁又弯曲，使头骨看起来非常怪异。

经鉴定，许多猎猫科的种被陆续定名，并被归入若干不同的属，图2.3展示了猎猫科的系统发育树。要注意，在这个分类框架中，这些属又可被归入不同的族，以反映各属之间亲缘关系的远近。西方古剑虎（*Hoplophoneus occidentalis*）是一种猎猫科动物，体形接近一头大型豹，犬齿中等发达（彩图1）。相比之下，体形更大一些的匕首古剑虎（*H. sicarius*）、颏叶古剑虎（*H. mentalis*，图2.4）及狮子大小的弗氏巴博剑齿虎（*Barbourofelis fricki*，图2.5）有着更为巨大的上犬齿，与下颌前端的巨大颏突相匹配。弗氏巴博剑齿虎的上恒犬齿（permanent upper canine）长出之前，乳犬齿（deciduous/milk canine）便已经很发达，由于面部没有过多的空间来容纳恒犬齿，所以直到这种动物发育成熟且恒颊齿（犬齿之后的牙齿）磨

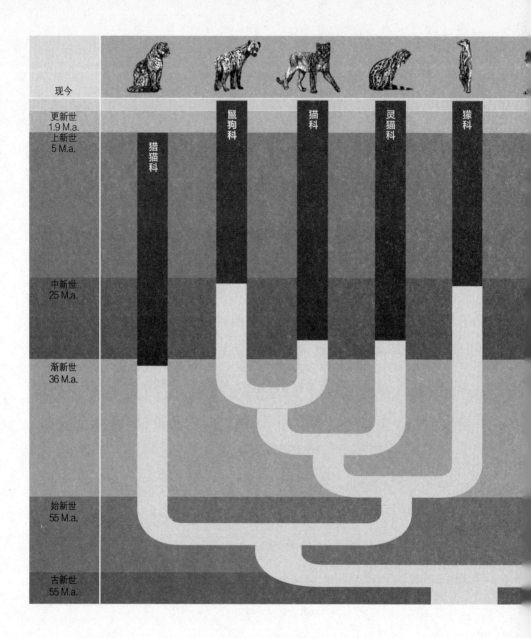

現今

更新世
1.9 M.a.
上新世
5 M.a.

中新世
25 M.a.

渐新世
36 M.a.

始新世
55 M.a.

古新世
55 M.a.

猎猫科

鬣狗科

猫科

灵猫科

獴科

The Big Cats and Their Fossil Relatives

大猫和它们的化石亲属

图2.2　食肉目的系统发育关系

所有类似的系统发育关系图都应被看作基于当前认识对亲缘关系的假设。对于祖裔关系的状况，不同的学者会有不同的看法。

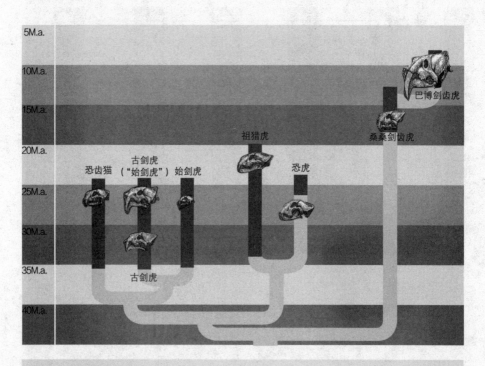

図2.3　猎猫科的系统发育关系

损到一定程度后，上恒犬齿才在相应位置上萌发出来。这种齿列萌发延迟的现象必然对动物的捕猎能力有很大影响，由此可以推测亲代的抚育时间会因此延长，如图2.6所示。

　　与这些拥有巨大犬齿的类群相反，猎猫科的另一个支系演化出一类更"普通"的猫形物种，如晚渐新世的粗壮恐虎（*Dinaelurus crassus*）。从其显著缩短的面部、高隆的头骨及小的犬齿来看，这个物种与猎豹发生了明显的趋同演化，具有相似的特征。

　　The Big Cats and Their Fossil Relatives　　大猫和它们的化石亲属

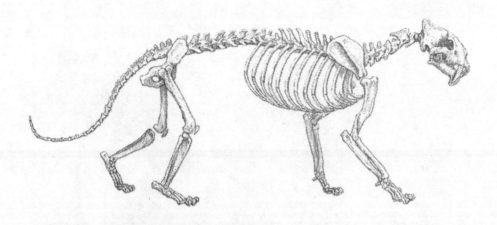

图2.4　颏叶古剑虎的骨架

这种非常早期的古剑虎物种发现于美国西部晚始新世查德隆组地层中。尽管出现的时间很早，但这种猎猫科动物在很多方面已经非常特化，特别是上犬齿和下颌颏突的发育以及强壮的体形。这些进步特征与猫科刃齿虎的特征相似，但古剑虎有着比最晚期的刃齿虎物种还要长得多的背部和相对更短的掌跖骨。在食肉动物中，长的背部似乎是一种普通的原始特征，而刃齿虎掌跖骨的缩短则代表着源自其长腿祖先的次生演化趋势。

肱骨或上前肢骨显示，附着三角肌和旋后肌的区域非常显著，在这一特征上，古剑虎与后期的巴博剑齿虎和袋剑虎类似。刃齿虎族起源于"常规猫类"，因此在这些特征上不那么特化。

复原肩高48厘米。

我们不应该由于猎猫科动物绝灭了而错误地认为它们逊色于猫科动物。作为一个独立的科，猎猫科的猫形外貌比猫科出现得还要早，而且猎猫科的化石记录表明，它们延续的时间几乎和猫科一样长。无论以何种客观标准来看，猎猫科动物的多样性和广布性都表示，它们是渐新世（图2.7）和中新世（图2.8）时期演

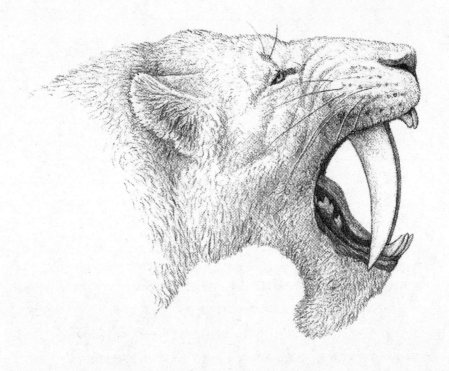

图2.5　弗氏巴博剑齿虎的裂唇嗅姿态

弗氏巴博剑齿虎可能是所有长有剑齿的食肉动物中最特化的一种，当它在进行裂唇嗅行为（做鬼脸）并露出牙齿时，一定会给人留下深刻的印象。这种动物的巨大犬齿除了用作捕猎武器外，在与同种的其他成员对抗时，还有重要的示威意义。

化非常成功的一类动物。

值得强调的是，猫科和猎猫科的趋同演化仅仅是食肉动物趋同演化的一个实例。另外的两个实例则更为突出。第一个是与食肉目没有亲缘关系的肉齿目（Creodonta），在古新世之后、中新世之前的时期，它们是世界上大部分地区的顶

图2.6　弗氏巴博剑齿虎族群正在围攻一头犀牛

两栖生活且形似河马的远角犀（*Teleoceras*）是美洲中新世时期非常繁盛的一类动物，对任何强大到足以攻击它们的捕食者来说，是极具吸引力的食物资源。左边的成年雌性巴博剑齿虎正试图顺着自己的方向将犀牛按倒，并呼唤较大的幼崽过来帮忙。这些1岁多的幼崽在大小和重量上已经接近成年个体，尽管它们的个头在打斗中能给予一定的帮助，但只有它们的母亲才有能力杀死犀牛——可能是通过割伤犀牛腹部，使其大量失血而亡（见第4章）。尽管这些幼崽的颊齿已完全具有切割功能，但乳犬齿才刚萌发出来，下颌颏突也才开始发育。因此，在2岁以前，这些幼崽都将依赖它们的母亲生存。

级捕食者。肉齿目包括牛鬣兽科（Oxyaenidae）和鬣齿兽科（Hyaenodontidae）两大类，前者形态更像猫，而后者更像犬和鬣狗。肉齿目动物的大小和形态变化范围与食肉目重叠，特别是其中形态像猫的两个属，迷惑猫属（*Apataelurus*）和类剑虎属（*Machaeroides*），猎猫科和猫科中带剑齿类群在牙齿和头骨特征的具体形

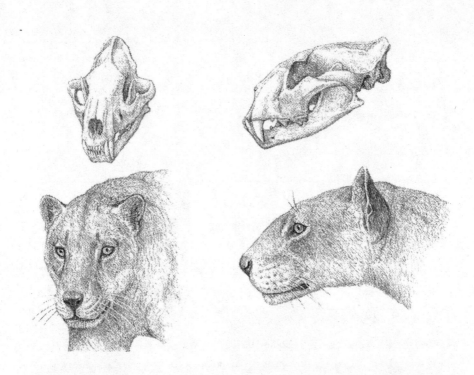

图2.7　短吻祖猎虎（*Nimravus brachiops*）的头部复原

这个物种以北美渐新世沉积地层中所发现的一系列保存完好的头骨化石而为人所知，其中大部分化石来自俄勒冈州、内布拉斯加州和南达科他州。人们对它的头后骨骼尚知之甚少，但它的四肢尤其是足部骨骼，似乎比渐新世的其他猎猫科动物如古剑虎更为纤细。它的头骨比例与猫科动物惊人地相似，与许多化石猫类相比，这种动物的外貌对我们来说更为熟悉。然而，仔细观察它的牙齿和耳区，就会发现它是一种猎猫科动物——事实上，猎猫科的名称就来源于该属。

成上便有上述两个属的影子，如图2.9所示。

　　第二个趋同演化的实例是澳大利亚和南美洲的有袋食肉动物，在过去的6500万年间，这两个大陆与世界其他大陆长期隔绝，演化出了独特的动物群。尽管有袋食肉动物与食肉目的亲缘关系更远，它们的特征变化同样与有胎盘类的一些目发生重叠。本书中最引人注目的可能就是那些带剑齿猫形动物的惊人发展，例如图2.10中所展示的袋剑虎（*Thylacosmilus*）。在澳大利亚，最大的有袋食肉动物是一种奇怪的"有袋狮子"袋狮（*Thylacoleo*，图2.11），这种动物拥有紧密排列的犬齿状门齿以及极其窄长的、具有切割功能的前臼齿。与袋狮生活在同时期的动物骨骼上的咬痕与这些牙齿的切割缘形态十分吻合，因此可以断定袋狮是吃肉的。

图2.8（下页图）　莫氏巴博剑齿虎（*Barbourofeis morrisi*）的外貌复原序列

这是在北美中新世克拉里登期和赫明福德期地层中发现的三个巴博剑齿虎物种中的一个。在这些地层中发现了大量的完整长骨，但还未发现完整的骨架，因此，只能对其身体比例进行估计。乔恩·巴斯金（Jon Baskin）描述了来自佛罗里达州的与莫氏种相似的洛氏巴博剑齿虎（*Barbourofelis loveorum*）的大量标本，为莫氏种的形态推测提供了重要参考。

这种猎猫科动物非常强壮，有着短的远端肢骨及强健的肌肉，并且与现生猫科动物一样，它的爪带角质鞘并可自由伸缩。目前，我们对它的脊柱特征还知之甚少，虽然我们的复原图显示，它比原始的猎猫科动物更加强壮，但这一点还需要更多信息来证实。

这种动物的肌肉分布（第二幅图）介于大型猫科动物和棕熊之间。和棕熊一样，它的前掌有着非常发达的伸肌和屈肌以及非常强有力的三角肌。在对其进行外貌复原时，我们用素色来描绘它的大部分皮毛（第三幅图），这表明我们认为它可能部分时间生活在开阔地带，而面部和颈部的斑纹则是它与同种的其他成员进行交流的信号。

复原肩高65厘米。

图2.9　肉齿目黎明类剑虎（*Machaeroides eothen*）的外貌复原

这个物种以美国布里杰组（中始新世）地层中发现的仍相连接的头骨和头后骨骼材料而为人所熟知。这种动物非常小，肩高约30厘米，就其大小而言，它的肢骨显得极为粗壮。那些见于剑齿虎类的拉长的上犬齿以及相关的头骨特征在黎明类剑虎中并没有得到很好地发育，但属内的其他物种如辛氏类剑虎（*M. simpsoni*），却很清楚地展示了这些特征。身体比例研究表明，类剑虎的成员都是强壮的小型动物，与之相比，同样大小的猎猫科动物脑种始剑虎（*Eusmilus cerebralis*）的骨骼就显得非常纤弱。

新猫的出现

　　在认识到猎猫科是不同于猫科的一个独立类群后，猫科动物的起源就变得

图2.10 袋剑虎（*Thylacosmilus atrox*）的外貌复原

这个物种是埃尔默·里格斯（Elmer Riggs）于1934年根据阿根廷上新世沉积物中发现的两具不完整骨架材料描述的，这些材料目前仍然是该物种最完整的化石证据。这种动物的体形和南美的美洲豹相当，有着较短而肌肉发达的四肢，表明它是伏击型猎手。但是，与有胎盘的剑齿虎类不同，它没有可伸缩的爪子，意味着它肯定采取截然不同的捕猎方式。但是，前肢关节和所附着的肌肉清楚地指示，袋剑虎具有良好的抓握能力，很可能是用前爪制服并抓紧猎物，与猫科动物大体类似。还有一些动物没有可伸缩的爪子，但捕猎技巧和猫科动物同样出色，现今生活在澳大利亚的袋鼬（*Dasyurus quoll*，通常被称为袋猫），就是一个很好的例子。这些例子向我们展示了在亲缘关系较远的动物中，趋同演化是如何产生相似的身体结构的。关于爪子伸缩机制的讨论以及袋剑虎和刃齿虎头颈部的对比参见第4章（图4.30）。

复原肩高60厘米。

更加扑朔迷离了。目前，较为确定的是猫科与鬣狗科、獴科（如狐獴）、灵猫科（如麝香猫）的关系更密切，这四个科一起被归入猫形亚目（Feliformia），又被称为猫形食肉动物（aeluroid carnivores），而犬科、鼬科（包括水獭、獾和黄鼬）、浣熊科（如浣熊）及熊科（如棕熊）则被归入犬形亚目（Caniformia）。顺便说一句，海豹、海象和海狮也都被归入犬形亚目，虽然在本书中我们并不关注它们，但应该清楚认识到它们与其他陆生食肉动物的亲缘关系。其关系如图2.2所示。

　　早期出现的新猫或真猫被归入两个属，即原猫属和假猫属。年代最早的是在法国约3000万年前的沉积物中发现的勒芒原猫（*Proailurus lemanensis*），它是一类小型动物，头骨长约15厘米（图2.12）。虽然它的头骨和牙齿形态都与现生猫类大体相似，但其头骨上长有更多的牙齿——这是一种原始特征，较晚出现的化石及现生类群拥有的牙齿数量都较少（图2.13）。在新大陆，小罗伯特·亨特（Robert Hunt Jr.）先后于1987年和1998年报道了产自内布拉斯加州基恩采石场（Ginn Quarry）的原猫化石，年代约为1600万年前的中新世，是目前北美已知最早的猫科动物。

　　我们认为这种齿式是"原始的"，因此用原猫来命名，因为它类似于早期哺乳动物的祖先状态，后期的类群就是从这种状态演化出来的。这些祖先类群拥有的牙齿数量比大多数现生物种要多得多。随着各支系的演化，一些牙齿特征变得更加特化，功能上也更重要，而另一些牙齿则退化甚至消失了。我们把这种齿式称为"衍生的"或"进步的"，但这些词并没有任何优劣的含义。

　　随后，我们发现了约2000万年前的假猫属（图2.14）的化石记录。这个属的成员被认为是现生猫类和大名鼎鼎的剑齿虎类的祖先。因此，我们可以设想在系统树上出现了一个分叉：其中一支被归入新假猫亚属（*Schizailurus*），随后发展出了现生和化石锥齿猫类；另一支被归入真假猫亚属（*Pseudaelurus*），随后

The Big Cats and Their Fossil Relatives　　　大猫和它们的化石亲属

図2.11　袋狮的外貌复原

几十年来，古生物学家对这种奇怪的动物的解剖结构一直感到非常困惑，有的学者甚至严重怀疑它是否吃肉。最近对袋狮咀嚼器官的研究以及发现的能够精确匹配其奇特颊齿形态的骨骼都显示它是吃肉的。但是，它的总体结构表明它起源于袋貂科动物，后者是一群非常特化的树栖有袋类动物，主要吃素，包括了现生的袋貂和澳大利亚的负鼠。袋狮发展出了更大的身体、更长的四肢和颈部以及更短的背部，这种身体比例更适应地面生活，使得它们常被拿来与狮子比较。不管怎么说，这种动物生前的样貌一定是独一无二的。复原肩高65厘米。

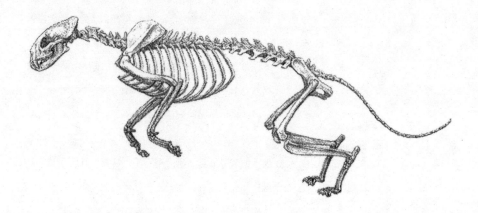

图2.12　勒芒原猫的骨架

人们对这种早期猫科动物的头骨和大部分肢骨形态的认识主要来自法国圣热朗勒皮渐新世地层中发现的保存完好的属于两个个体的肢骨化石。其他地点也发现了不太完整但仍然重要的标本，但基本上没有发现过其脊柱。在这里，我们根据原猫可能的中新世后裔假猫来对其进行骨架复原。

原猫的骨骼与生活在马达加斯加的灵猫科动物隐肛狸（*Cryptoprocta fossa*）的骨骼非常相似，尽管可能稍粗大一些。这种早期猫类似乎也擅长在不同的树杈间攀爬、跳跃。

复原肩高38厘米。

发展出已经绝灭的剑齿虎类。后一支系以法国桑桑（Sansan）和西班牙布诺尔（Bunol）地区中中新世沉积物中发现的具有剑齿特征的四齿（真）假猫（*P.* ［*P.*］ *quadridentatis*）为典型代表。相比之下，其他类群如短现（新）假猫（*P.* ［*S.*］ *transitorius*）和洛氏（新）假猫（*P.* ［*S.*］ *lorteti*）的骨骼更纤细，看起来更像现生猫类的祖先（图2.14和图2.15）。

猫科动物的系统发育关系如图2.16所示。在假猫之后演化出的现生及化石锥

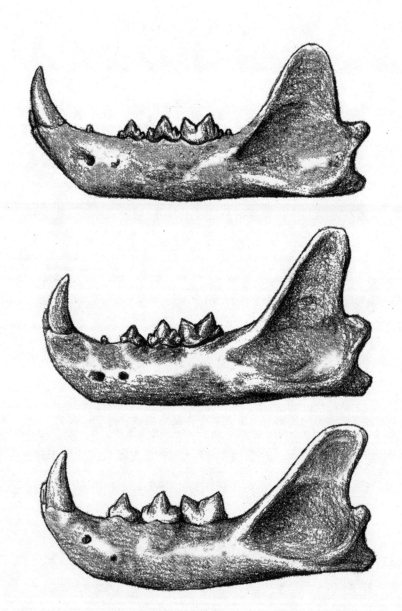

图2.13　原猫（上）、假猫（中）以及一种现生猫类（下）的下颌骨及牙齿特征

请注意，在现生猫类中缺失的牙齿在原猫中已经相当退化，而剑齿虎类的牙齿数量进一步缩减。

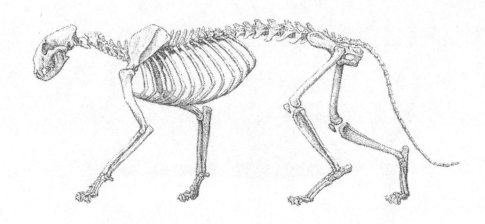

图2.14 洛氏（新）假猫的骨架

这种猫科动物的大小与一只大型猞猁相当，和现生猫类有很多相似之处。事实上，很难单单基于肢骨来区分（新）假猫和现生猫类。但假猫仍部分保留了一些灵猫形祖先类群的身体比例：背部比现生物种要长，四肢的远端部分也不像现生猫科动物那样纤长。

复原肩高48厘米。

齿猫类被归入猫亚科，而绝灭的带剑形犬齿的剑齿虎亚科又被分为3个族。第一个是刃齿虎族（Smilodontini），包括美洲著名的刃齿虎属（*Smilodon*）以及分布广泛的巨颏虎属（*Megantereon*）。在本书中，我们认为刃齿虎族还包含中新世的副剑

图2.15（下页图） 一只假猫正要跃上树干

这幅图是根据美国加利福尼亚新年采石场巴斯托夫期（早中新世）地层中发现的部分骨架材料所绘。这种动物在身体大小和比例上与小型美洲狮非常相似，两者的主要差别在于前者的掌跖骨更短。这样的身体比例说明它非常善于攀爬。在新墨西哥州更晚期的克拉伦登期地层中发现了一具非常类似但稍纤细的骨架化石。

齿虎属（*Paramachaerodus*），这种小型雌豹大小的猫类很可能是后期更大型物种的祖先类群。第二个是锯齿虎族（Homotheriimi），包括剑齿虎属（*Machairodus*）和锯齿虎属（*Homotherium*）等。第三个是后猫族（Metailuruni），包括恐猫属（*Dinofelis*）和后猫属（*Metailurus*）等。

图2.16显示，我们所知的大多数猫科类群主要出现在过去的1000万年间。在下一章中将讨论这些类群的成员构成并提供许多物种的进一步信息。目前来说，这个系统发育关系图给出了有关猫科动物多样性和大致关系模式的总体思路。例

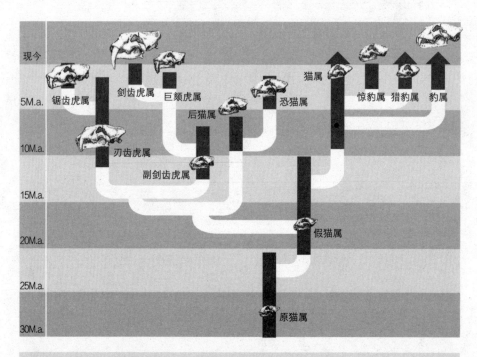

图2.16　猫科动物的系统发育关系（详细讨论见正文）

The Big Cats and Their Fossil Relatives　　　　　　　大猫和它们的化石亲属

如，剑齿虎显然不是现生猫科动物的祖先，就像大猩猩或黑猩猩不是我们人类的祖先。猫科动物的两个亚科是从早期祖先并行演化而来的，与现存的类人猿和人类大致相同。

需要澄清的是，"剑齿"一词（来自 *saber*，一种骑兵常用的弯刀）很好地描述了某些猫类牙齿的特征，但称它们为"虎"却没有实质上的根据。实际上，它们与真正的虎并没有密切的亲缘关系，也不是虎的祖先，更没有明确的理由认为它们具有带条纹的皮毛。此外，我们也应该避免犯常见的错误，断言剑齿虎类既然绝灭了，那就是缺乏适应能力的动物，在某些方面就一定逊色于现存物种。事实上，剑齿虎类在牙齿特征上是高度特化的，它们不过是踏上了一条完全不同的演化道路。它们中有许多演化非常成功的物种，遍布世界各地并延续了数百万年，只不过与大多数曾经生活在地球上的生物一样，最终走向了绝灭。

尽管我们对猫科动物的演化历史有了大致的了解，但需要强调的是，在现生物种的直接祖先或它们之间更准确的亲缘关系的模式问题上，我们仍缺乏清晰的认识。例如，欧洲中新世晚期的代表性锥齿猫类是被称为阿提卡始猫（*Pristifelis attica*）[1]的小型物种，它很可能是现生猫类的祖先。当然，即便化石记录相当完整，它能传达给我们的信息也是有限的。将任何两个物种联系起来的确切演化谱系，尤其是祖裔关系谱系，也仅限于人们的推测或演绎。另一种方法是通过检测

---

[1]原文中为 *Felis attica*，但是根据目前的最新研究，这个晚中新世小型猫类物种被归入新属始猫属（*Pristifelis*）中。

现生物种的分子结构建立谱系关系模式，很多有志于研究系统发育的学者对该方法大为推崇。这种方法的基本前提是，分子结构的异同可以指示现生物种之间的亲缘关系。此外，有研究者认为近亲物种之间的差异量与它们从共同祖先分化出来的时间长短成正比，据此可以对物种分异的时间做出估计。

这些方法的问题在于难以对结果进行合理解释。大多数基于分子结构的研究都给出了一种合理的亲缘关系模式，并与我们从更传统的形态分析中得出的结论相符（虽然最近一项基于化石骨骼中所保存物质的分析研究显示，洛杉矶拉布雷亚沥青坑中发现的刃齿虎与现生猫科动物如豹和狮子有密切的关系，但据现有的化石记录，这显然是不合理的）。然而，许多对物种分异时间的推算与我们从化石记录中所获得的信息并不十分相符。例如，我们很难知晓某一物种首次出现的时间，但至少我们可以说，在推测它首次出现的时间点上是否有相关的化石记录发现。此外，即使是在最灵敏的生物分子分类研究中，对物种分离时间的推算也需要根据时间已知的事件校准"分子生物钟"，并假设它是线性的。第一个要求很难实现，第二个也有待商榷，而且我们对年代学的认识似乎还有很长一段路要走，这一点将在第3章进一步讨论。

猫科物种

在本章中，我们将介绍我们所知道的一些最有趣又最引人注目的大猫，包括现生及灭绝类群，详细描述它们的体形及已知或推断的分布范围。我们已经在第1章概述了系统分类的基本原则，讨论了在科学研究中通常会用到的各种分类群。我们在此同样遵循这样的分类原则，因为它有非常明显的优势，可以为不同物种提供一个合乎逻辑且基于亲缘关系的分类群。本来我们也可以按字母顺序来排列物种，这也是一种逻辑，并且足以解决某些问题，但如果我们想在共同祖先的基础上讨论这些物种，那就不太合适了。

在开始介绍之前，需要强调一点：正如我们在第1章中提到的，猫科动物的命名史以及人们对其相互之间亲缘关系的认识，有时非常混乱，不同的学者在属种的归属及亲缘关系上持有截然不同的观点。即使到现在，对于现生物种的研究都无法避免这样的问题，对许多化石类群来说就更是如此。因而，我们在本书中不再花费力气去厘清文献中各大猫化石类群的名称，在此肯定也不合适修订学名（任何这样的研究所需要的信息都比本卷旨在呈现的信息要多得多，对于一般读者而言，这都意味着更多的困惑，而不是更多的启发）。相反，我们有选择性地呈现了一幅连贯的图景，只偶尔提及所述类群的其他名称，供有兴趣查阅更多信息的读者参考。通常，一个属内包含着多个物种，此时，为了方便起见，我们会把它们都放到这个属下进行介绍。因此，我们这里给出的是我们对信息的综合，任何对这个话题感兴趣的读者都可以参考我们推荐的延伸阅读书目进一步进行探究。

由于我们已经讨论了已知最早的猫科动物原猫和假猫，在这一章节中我们将不再重复介绍，尽管在第4章介绍猫科动物的解剖特征和功能时会再次提起它们。这里我们将集中讨论两个亚科：具剑形犬齿的剑齿虎亚科和具圆锥状犬齿的猫亚科，也就是那些晚于假猫（特别是在过去约1000万年间）的化石记录。

剑齿虎亚科

后猫族

限于不完整的化石记录，这个族的组成至今仍存有很多疑问。一些看上去大体类似的标本曾被归入副剑齿虎（*Paramachaerodus*）、黑海剑齿虎（*Pontosmilus*）、昆仲猫（*Adelphailurus*）、斯氏猫（*Stenailurus*）、后猫（*Metailurus*）及希拉猫（*Therailurus*）等属中，尽管目前希拉猫被认为是恐猫（*Dinofelis*，见下文）的晚出异名（由于认识不充分或者信息不流通，学者们有时对同一生物分类单元起多个学名，其中最早发表的名称享有优先权，是有效的，而其他名称是其无效的晚出异名）。单是黑海剑齿虎就被一些学者认为包含有四个种（*P. ogygius*、*P. hungaricus*、*P. schlosseri* 和 *P. indicus*），其中，至少包括了一个曾经被归入副剑齿虎的种。然而，副剑齿虎是否真正属于后猫族仍未有定论，这里我们选择采用将其放入刃齿虎族的观点——它有可能是具匕首形牙齿的巨颊虎和刃齿虎的祖先类群（见下文）。

猫科物种

归入后猫族的标本来自中新世晚期—更新世最早期地层，主要分布于欧亚大陆。它们大部分与现生豹的体形相当，上犬齿中等延长而侧扁。然而，对于上面提到的许多类群，目前还没有关于完整骨架甚至完整头骨的发现和报道，这使得复原工作更为困难。一些学者认为应该将该族置于一个单独的亚科后猫亚科中。这种分歧很大程度上源自化石材料的不完整性和类群之间的高度相似性（尽管有些类群因保留数目更多的上牙而显得更原始，例如昆仲猫和斯氏猫，它们保留了上第2前臼齿）。该族复杂的亲缘关系显然还需要更多更完整的化石材料及研究工作来厘清。

昆仲猫属（*Adelphailurus*）。昆仲猫的模式标本是产自美国堪萨斯州埃德森采石场（Edson Quarry）亨普希尔期（Hemphilian）沉积物中的一件破损头骨及齿列，被归入堪萨斯种（*A. kansensis*，图3.1）。同这些化石一起发现的还有一些零散的头后骨骼材料，显示它是一种体形大小与美洲狮相仿的动物。有趣的是，堪萨斯的材料可能有助于阐明南非开普省朗厄班韦赫（Langebaanweg）早上新世沉积地层中发现的一块令人困惑的化石。该化石是一块上颌骨残段，大小也与美洲狮或小型豹相当，它的发现者布雷特·亨迪（Brett Hendey）对这件标本的归属并没有十足把握，因而将其命名为暗猫（*Felis obscura*）。最近，美国古生物学家丹·亚当斯（Dan Adams）认为这件标本可能与昆仲猫更为相似。事实上，除去美国标本保留了南非标本中缺失的第二臼齿外，两者是十分接近的。

后猫属（*Metailurus*）。该属连同恐猫属的各个物种是后猫族中最具代表

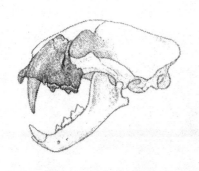

图3.1　堪萨斯昆仲猫

根据产自美国堪萨斯谢尔曼县埃德森采石场的正型标本（UKM3462）复原的头骨和头部外貌。

性的成员。大后猫（*M. major*，彩图2）最初是根据中国的化石材料所建。尽管中国材料的地质年代并不是特别确定，来自欧洲萨莫斯（Samos）、海河（Halmyropotamos）和特鲁埃尔（Teruel）盆地的大后猫标本均对应于约800万年前的吐洛里期（Turolian，欧洲陆生哺乳动物时代）。这种动物具有所谓的进步特征，即缺失上第2前臼齿（我们前面已经强调过，之所以将这个特征称为"进步特征"，是因为我们知道原始猫类拥有数目更多的牙齿，这种退化发生在不同支系的演化过程中）。该类动物同样具有中等延长的上犬齿。

　　恐猫属（*Dinofelis*）。恐猫是一类已灭绝的猫科动物，其成员发现于欧亚大陆、非洲和北美的上新世与更新世沉积物中（图3.2）。这些猫类通常被称为"伪"剑齿虎，因为它们的牙齿形态在一定程度上介于剑齿虎类和现生猫类之间，有着扁平但相对较短的上犬齿。该类动物的体形介于大型豹和狮子之间，可能与美洲

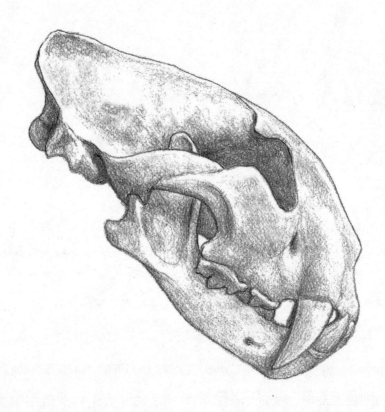

图3.2 中国的恐猫头骨

这个保存完好的头骨产自中国山西鲁西尼期—维拉方期地层。其大小与南非的巴氏恐猫相当，但比艾氏恐猫以及齿隙恐猫的正型标本要小。图中的下颌是根据恐猫的其他标本进行复原的。

豹相当。尽管在南非和东非已经发现了保存其肢体比例信息的材料，但已发表的详细信息还很有限。基于在南非约翰内斯堡附近的博尔特（Bolt）农场遗址收集到的恐猫化石，我们可以获知，这类动物的前肢有着相对较短的前臂，类似在森林环境生活的美洲豹、豹等物种，而后肢似乎都相对较纤细。这表明这类动物跑得不快，它的前肢相对整个身体而言可能比现生猫类更为强壮，这使得它能够抓住并制服猎物，但想要追上猎物却不那么容易。

之前被归入希拉猫属的物种，如今被认为属于恐猫属，印度和巴基斯坦西瓦里克地区发现的一个所知有限的种冠猫（*Felis cristata*），现在同样被归入恐猫属。早期发现的恐猫标本分别被归入艾氏恐猫（*D. abeli*，中国）、齿隙恐猫（*D. diastemata*，欧洲，见彩图 3）和古美洲豹形恐猫（*D. paleoonaca*，北美）。南非中新世—上新世沉积地点朗厄班韦赫中发现的几个保存较好的标本已被归入欧洲种，尽管它们也可能属于非洲的巴氏恐猫（*D. barlowi*）。后者最好的记录是位于约翰内斯堡附近的博尔特农场一化石坑里发现的三具骨架材料（图 3.3）。如果后面这些材料确实属于单一物种，那么巴氏恐猫在体形大小上似乎有很大的性别差异。

皮氏恐猫（*Dinofelis piveteaui*）主要发现于南非克罗姆德拉伊 A（Kromdraai A）遗址，在该处约 150 万年前的沉积物中发现了一个特别完整的头骨化石。这种动物是该属所有成员中牙齿最特化的，具有中长但非常侧扁的上犬齿和非常适于切割的颊齿，缺乏狮子牙齿中可见到的一些粗壮特征。遗憾的是，我们对这种动物仍知之甚少，尽管最近在东非的发现显示该物种也可能于同一时间段生存于此地区。

锯齿虎族

剑齿虎属（*Machairodus*）。 狭义的剑齿虎是一类具有剑形犬齿的大型猫科动

图3.3　巴氏恐猫与狒狒

目前找到的不多的头后骨骼证据显示，这种非洲恐猫的大小与美洲豹相当。尽管它的掌跖骨不像美洲豹那么退化，但如果就此认为恐猫是漫步型动物就大错特错了。

图中显示在南非博尔特农场，一头巴氏恐猫正试图捕捉一只狒狒。大型雄性狒狒对于今天的豹来说是非常棘手的，但是恐猫的巨大个头和力量使其成为捕杀大型灵长类动物（包括我们的近亲和祖先）的能手。在博尔特农场发现了三头恐猫与几只狒狒的骨架，看起来这两种动物都是被某种自然陷阱困住的。粪化石（石化的粪便）的存在表明这些动物死亡前仍在陷阱中存活了一段时间，尽管尚不清楚谁存活的时间更长。

物，最大可达狮子大小，有着延长的上犬齿和适于切割肉质的颊齿。这些特征在下一章中会进一步讨论，但是上犬齿无疑是一个很好的分类特征，据此可以从根本上将猫科动物分为剑齿猫和锥齿猫两大类。

剑齿虎属成员最早发现于欧亚大陆约1500万年前的中中新世地层中，而发现于突尼斯约2000万年前的沉积物中的材料可能是其最早的化石记录，被归入非洲剑齿虎（*M. africanus*[1]）。在欧洲，约1000万年前的地层中常见一种被称为隐匿

图3.4　隐匿剑齿虎饮水场景

最近在西班牙塞罗巴塔略内斯首次发现了若干完整的隐匿剑齿虎骨架化石。研究显示，这种动物的身体比例与虎非常相似，但与美洲的匕齿拟猎虎的身体比例最为相似。头骨的背缘还没有后期的剑齿虎属成员那么直，这让它看起来更像猫亚科动物，尽管从正面观察时，它的头骨看起来非常窄。

---

[1]据更新的研究，突尼斯化石记录的年代为晚上新世，形态特征指示该物种不属于剑齿虎属。

这幅图是根据西班牙马德里附近的中新世遗址塞罗巴塔略内斯新发现的几乎完整的骨架材料所绘。这些骨架材料是由豪尔赫·莫拉莱斯（Jorge Morales）主持发掘的。对这些完整骨架的研究显示，隐匿剑齿虎可能有着优异的跳跃能力。

剑齿虎（*M. aphanistus*，图3.4）的物种，该物种还可能出现于亚洲东部地区。最近，在西班牙马德里附近的中新世遗址塞罗巴塔略内斯发现了几乎完整的隐匿剑齿虎骨架，据此可以为该动物进行全面的外貌复原（图3.5）。该物种可能与北美的匕齿拟猎虎（*Nimravides catacopis*）为同一种，在美国堪萨斯、得克萨斯和佛罗里达亨普希尔期（早上新世）沉积物中均发现有保存较好的化石材料（图3.6）。

　　在剑齿虎属中还有不少其他的种被陆续定名，但目前仍不清楚这些物种名中究竟有多少有效。尽管该属的物种数量还并不明确，但它似乎存在两个演化级（grades，指一个演化阶段或等级，可能与正式的、系统的分类不完全一致）。欧洲的隐匿剑齿虎和北美的拟猎虎（*Nimravides*）是原始级的例证。而进步级则包括欧亚的巨型剑齿虎（*M. giganteus*，最知名的材料来自希腊的皮克米和萨莫斯）和北美洲与之非常相似的科罗拉多剑齿虎（*M. coloradensis*），它们在头骨和牙齿的剑齿类特征上都有进一步发展，如上犬齿更加扁平、颊齿刀刃状、下颌冠状突退化以及乳突增大。在骨架材料中，进步类群最突出的特征是发展出延长的前肢，这点在图3.7所示的科罗拉多剑齿虎复原图中可以看到。图3.8展示了基于中国标本的巨型剑齿虎的头部复原。在图3.9中，我们着重体现了该种动物和现生狮子的真实形态差异。而在图3.10的素描图中，我们展示了来自中国的一件非常神秘的小标本，属于剑齿虎属的未定种。

　　未磨损的牙齿边缘发育有小圆齿（小锯齿）是该类动物的典型特征。在大多数化石标本中，这些小锯齿通常见于增长的上犬齿尖锐的前后边缘，在新生和

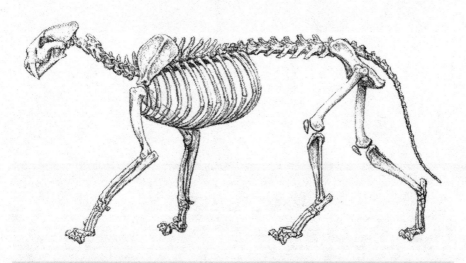

图3.6 匕齿拟猎虎的骨架

这幅图是根据堪萨斯州赫明福德期（中新世）地层中发现的完整保存的化石材料所绘，研究显示，匕齿拟猎虎的身体比例与现生猫科动物非常相似，缺乏晚期剑齿虎类特化的骨骼特征。

在北美赫明福德早期地层中还发现了丰富的匕齿拟猎虎的头骨和头后骨骼化石。来自堪萨斯的一具各部分仍相连接的骨架显示，这种动物的身体比例与它可能的祖先假猫非常相似，只不过其体形更大，与狮子相当。它行动起来就像一头大型美洲狮那样，尽管巨大的身体可能使它无法像后者那样高效地攀爬。

复原肩高100厘米。

未磨损阶段，所有的牙齿均发育有小锯齿，但随着牙齿的磨损，小锯齿会很快消失。当更近地观察时，你会发现没有磨损的小锯齿几乎就像镶嵌在齿缘的珐琅质突起。它们在功能上是否有助于形成更锋利的切割齿缘，还有待研究。用以切肉的颊齿上的磨蚀痕迹显示，小锯齿带来的便利在该动物生命的早期阶段就迅速消失了，在那之后，牙齿的齿质和釉质的差异性磨蚀形成的锋利

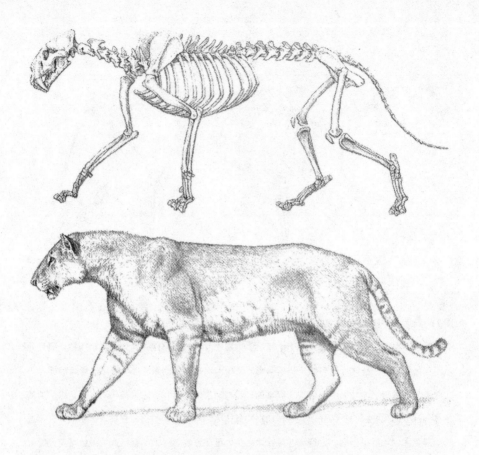

这幅图是根据北美赫明福德期（晚中新世）的化石材料所绘。科罗拉多剑齿虎的身体比例在某种程度上介于早期的匕齿拟猎虎和晚期的锯齿虎之间。与拟猎虎相比，科罗拉多剑齿虎前臂的桡骨更长，脊柱的腰椎区域更短（尽管仍比锯齿虎的长），类似现生的狮和虎。撇开其头颈部的剑齿适应特征，科罗拉多剑齿虎比拟猎虎更像豹类动物。

产自皮克米的仍相连接的巨型剑齿虎肢骨显示，科罗拉多剑齿虎与欧亚大陆的类群有着非常相似的身体比例。此前，热拉尔·德·博蒙（Gerard de Beaumont）已指出上述类群在牙齿和头骨材料上的相似性。

复原肩高120厘米。

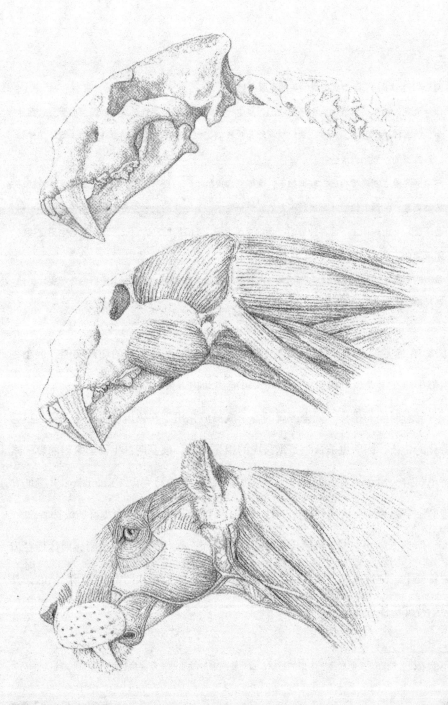

边缘[1]在通常情况下保证了牙齿在被磨的同时也能保持有效的切割功能。但小锯齿似乎能在上犬齿上保留更长时间，可能为动物带来一些优势。

随着时间的推移，剑齿虎属的各个成员演化出了在锯齿虎身上可见到的更为特化的特征，因而也被认为是锯齿虎的祖先类群。俄罗斯古生物学家玛丽娜·索特尼科娃（Marina Sotnikova）认为哈萨克斯坦卡尔马克派（Kalmakpai）遗址发现的一个新种——柯氏剑齿虎（*M. kurteni*）可能是锯齿虎祖先类群的候选者。

但是，总的来说，该属保留了更加原始而一般化的特征。最明显地体现在齿列特征上，剑齿虎的下颌保留了数量更多的牙齿，且正如图中文字所总结的，其原始特征还体现在部分身体比例上。

---

[1]牙齿表面的釉质硬度明显高于内部的齿质，因而更耐磨的釉质通常能在磨蚀面的边缘形成锐利的刃。

锯齿虎属（*Homotherium*）。这类狮子大小的剑齿虎在300万年到50万年前的整个欧亚地区都有所发现，这些化石材料为该类动物的样貌提供了一个更加完整的形象（图3.11）。根据上犬齿的大小、弯曲程度及体形，欧亚大陆的化石材料被归入若干不同的种，如内氏锯齿虎（*H. nestianus*）、萨氏锯齿虎（*H. sainzelli*）、钝齿锯齿虎（*H. crenatidens*）及最后锯齿虎（*H. ultimum*）。一些体形大小上的差异十分引人注目，来自法国佩里耶（Perrier）的一件保存完好的头骨标本，其颅基长可达302毫米，而来自中国周口店的一个个体的颅基长仅有234毫米。但考虑到在现生猫类中所观察到的体形和身体比例的差异，它们很可能属于同一个物种，而名称应是阔齿锯齿虎（*H. latidens*，图3.12）。该属的成员也同样发现于非洲，被分别归入埃塞俄比亚锯齿虎（*H. ethiopicum*）和哈达尔锯齿虎（*H. hadarensis*），而在北美，从阿拉斯加到得克萨斯地区所发现的上新世末期到更新世晚期的标本则被归入晚锯齿虎（*H. serum*）。

　　非常让人困惑的是，非洲标本与欧洲标本存在很大的差异，尽管美洲标本的情况更难以解决。在美洲标本的情形中，有时将本应归入锯齿虎的标本归入恐刃虎（*Dinobastis*）中，而后一个属通常（至少部分）与锯齿虎族第三个属粗壮剑齿虎（*Ischyrosmilus*）相混淆，从而造成了进一步的混乱。被鉴定为粗壮剑齿虎的部分化石材料似乎更应被归入锯齿虎，而其他标本则归入刃齿虎更准确（见下文）。就像剑齿虎属中可能的祖先类群一样，锯齿虎的牙齿也发育有小锯齿。

　　虽然锯齿虎的化石标本广为发现，但大多数情况下都是不完整的。在欧洲，

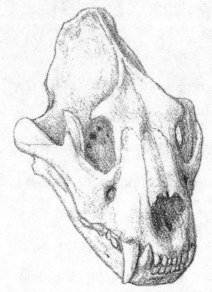

图3.9 头骨和头部外貌复原：狮（左），巨型剑齿虎（右）

侧视时，现生狮和这种中新世剑齿物种的头骨比例差异会在一定程度上被掩盖，不仅是因为狮（和虎）下巴上的长毛仿似剑齿虎类下颌颏突的棱角形态，也因为大型豹类有着发达的矢状嵴和相对较长的吻部。

从正面观察时，差异会更显著。即便我们将剑齿虎属动物描绘得与狮子相似，面部只有微弱的纹饰图案，但在外貌复原图中，我们很容易就看出剑齿虎有着更窄的颧弓（见图1.2）、更长的吻部和相对更小的眼睛。

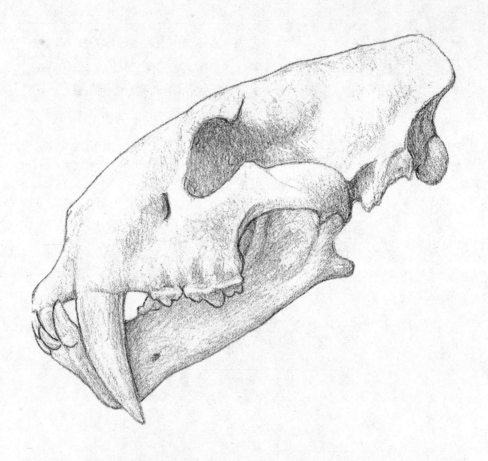

图 3.10 产自中国的一头小型剑齿虎的头骨

这件标本产自中国范村（Fan-Tsun）上新世地层中。对于巨型剑齿虎来说，这个头骨非常小：产自山西的巨型剑齿虎头骨比它大37%，头基长为315毫米，而它的头基长只有229毫米。为了方便展示，下颌骨和部分颧弓已被修复。

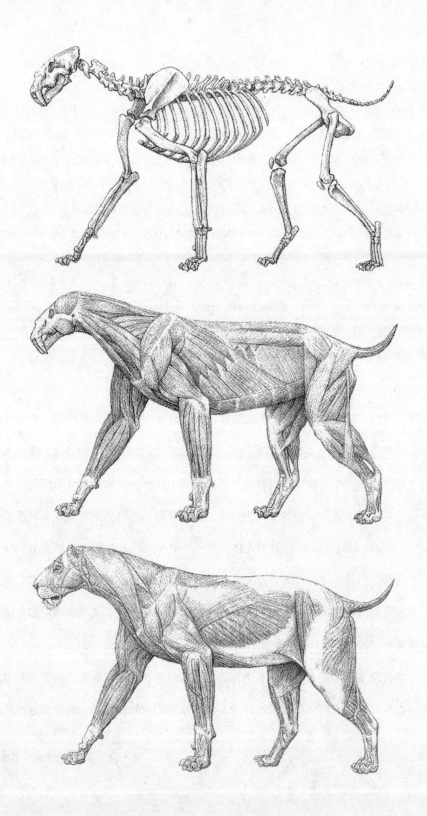

图3.11（上页图） 阔齿锯齿虎的骨架及复原序列

从功能的角度看，欧洲维拉方期的阔齿锯齿虎的肢骨比例是非常让人困惑的，而这种肢骨比例状态在北美弗里森哈恩洞的晚更新世类群中变得更为极端。特别是后肢的一些特征曾被认为代表一种脚掌完全放置于地面的蹠行运动方式，但现在人们认识到这种解读是错误的。

与后期的剑齿虎属成员相比，法国塞内兹的阔齿锯齿虎标本有着更短的腰椎区域和增长的桡骨以及比"常规"猫类更大的前后肢比例。此外，它还有着异常短的跟骨。事实上，这些特征在弗里森哈恩洞的锯齿虎中表现得更为极端，意味着它们能为这些剑齿动物带来明显优势，因此不断被强化选择。一般来说，这种肢体比例与退化的跳跃能力有关，也有证据显示，阔齿锯齿虎的四肢比例介于猫科豹属动物与鬣狗科动物之间。有关这些要点的详细讨论，请参阅正文。

复原肩高110厘米。

法国奥弗涅的塞内兹（Seneze）遗址发现了一具特别精美的骨架化石；西班牙的因卡卡尔（Incarcal）遗址可能呈现了天然形成的食肉动物陷阱的遗迹，在那里发现了至少属于三个个体的头骨和头后骨骼材料。在北美，锯齿虎分布广泛但材料罕见，通常以孤立的骨骼和牙齿为代表。得克萨斯州的晚更新世遗址弗里森哈恩洞穴（Friesenhahn cave）是最引人注目的一个例外情况（图3.13），在此处发现了一个各部分仍相连接的骨架以及30多个不同年龄段的个体遗骸，包括幼崽。在同一个地点的沉积物中，还发现了70多只年轻猛犸象的乳牙，表明锯齿虎偏好捕食这类动物，我们将在第4章和第5章再讨论这一点。

当与现生猫类甚至其他化石类群进行对比时，我们发现锯齿虎的骨架有很多特殊之处。尽管它们体形庞大而有力，但身体构造相对较纤长，有着明显增长的

图3.12　阔齿锯齿虎的外貌复原

根据法国塞内兹保存最好、最完整的骨架材料所绘。这件标本保存在法国里昂克劳德-伯纳德

大学，并由罗利安德·巴列西奥（Rolland Ballesio）详细描述。

前肢和短的尾巴。我们可以在第4章中看到，对于这种动物以及其他剑齿虎类的

生活方式存在很多解释，但是锯齿虎的形态显示它们是一类比较独特的猫科动物。

图3.13　弗里森哈恩洞穴的晚锯齿虎的外貌复原

美洲的锯齿虎成员都被归入这个种。

刃齿虎族

副剑齿虎属（*Paramachaerodus*[1]）。该属的分类位置和系统发育关系在学术界尚存在很大争议。在经过很长一段时期的混乱讨论后，许多之前被归入该属的物种

---

[1] 原文中属名为 *Paramachairodus*，但 Pilgrim（1913）在最初建属时用到的是 *Paramachaerodus*，此处予以修正。

现在被重新归入后猫族的黑海剑齿虎，仅保留瓦里西期及吐洛里最早期的奥杰吉厄副剑齿虎（*P. ogygia*）和后期的东方副剑齿虎（*P. orientalis*）。之前人们对奥杰吉厄副剑齿虎知之甚少，但最近在西班牙马德里附近中新世遗址塞罗巴塔略内斯发现了众多引人注目的化石标本，年代约为900万年前，这些首次发现的几乎完整的头骨及骨架材料，让我们能更好地推断该种的形态和系统发育关系（图3.14和图3.15）。

刀齿巨颏虎（ *Megantereon cultridens* ）。巨颏虎属的成员发现于非洲、欧亚及北美大陆（彩图4）。由于美洲的一些化石材料太过破损，目前还不清楚它们是否属于同一物种，但非洲和欧亚大陆发现的材料很可能属于同一个种[1]。刀齿巨颏虎的起源同样还无法确定，但是它已经于300万年前出现于非洲和欧亚大陆，之后很快在北美出现。至今，英国的沉积地层中尚未发现该种化石，其在西欧的分布主要局限于更南部的地区。

目前，暂未发现任何地点有丰富的刀齿巨颏虎化石，许多地点仅发现单个个体，通常是下颌碎片或特征性的上犬齿，偶尔有头后骨骼部分（图3.16）。该种最后出现于德国昂特马斯费尔德（Untermassfeld）遗址约110万年前的沉积物中[2]，在此之前，欧洲众多的化石地点均有该种发现。其中最著名的要属法国奥弗涅的塞内兹发现的完整骨架，目前保存在巴塞尔自然博物馆中。我们对于这类动物的形态以

---

[1] 这一观点后来受到了很多学者的质疑。

[2] 原文中的90万年前，属于早更新世，文中的年代根据最新的测年结果修正。其次，法国和德国均有刀齿巨颏虎比较确定的中更新世记录，年代更晚。

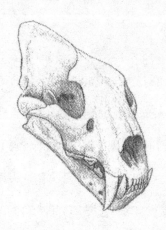

图3.14　奥杰吉厄副剑齿虎的头骨和头部外貌复原

窄的头部和长的吻部使这种动物的外貌看起来像现生的云豹。

图3.15　奥杰吉厄副剑齿虎的外貌复原

这个物种的第一个相当完整的骨架标本产自西班牙的塞罗巴塔略内斯。研究显示，这个豹子大小的动物的身体构造与它的祖先假猫非常相似，有着灵活的身体和强有力的前肢。与豹相比，副剑齿虎有着更纤长的后肢以及更强壮的前肢。上述特征表明它既是身手敏捷的攀爬者，又是可以捕杀大型猎物的猎手，尽管它的头比豹的更窄小。

复原肩高58厘米。

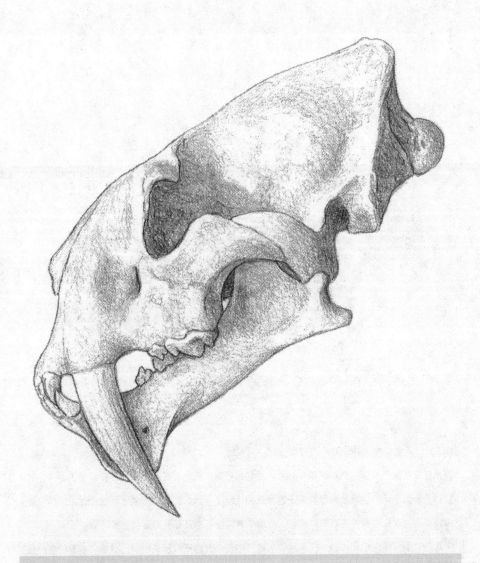

图3.16 刀齿巨颏虎头骨

根据德日进（Pierre Teilhard de Chardin）和皮孚窦（Jean Piveteau）描述的产自中国泥河湾地区的头骨与下颌骨以及山西的上犬齿材料所绘。

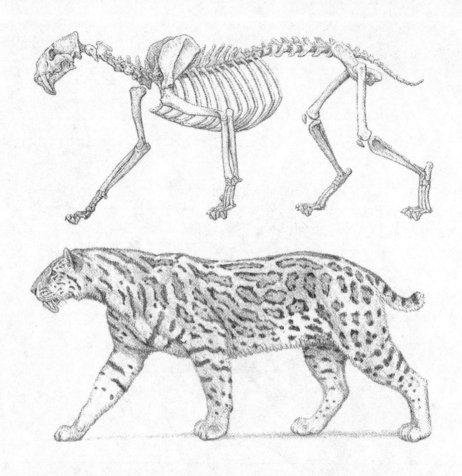

图3.17　刀齿巨颏虎骨架及外貌复原

虽然巨颏虎是一类体格健壮的猫科动物，但它的肢体比例仍处在现生物种的变异范围之内。健壮的美洲豹个体的远端肢骨普遍短于塞内兹的巨颏虎个体，而刃齿虎的远端肢骨比上述两者要短得多。与现生猫类的头后骨骼相比，巨颏虎有着更长的颈部及更短的腰椎区域。

考虑到它的身体大小和构造，巨颏虎很可能像豹、美洲豹那样擅长爬树，尽管它短而僵直的腰部区域可能在一定程度上降低了灵活性。但是这种强壮的身体构造无疑会增加制服猎物的力量，而长的颈部很可能与运用巨大犬齿的咬杀方式相关，这一点在文中有更详细的讨论。

复原肩高72厘米。

及可能的行为方式的复原和讨论主要是基于该骨架材料与塞缪尔·肖布（Samuel Schaub）报道该材料时的原始描述。

　　塞内兹的骨架材料源自一只与大型豹体形相当的动物，肩高约70厘米（图3.17）。它体格健壮，有着与狮子相当的粗壮前肢和爪子，身体比例显示它能够扑倒并抓住大型猎物（图3.18、图3.19和彩图5）。南非伊兰兹方廷（Elandsfontein）遗址发现的一些零散肢骨化石与塞内兹的标本产自同一年代，但末端肢骨部分如胫骨更短，据此可知这类动物非常强壮。但是，其捕杀猎物的方式还仍未可知。

图3.18　林地中潜行的刀齿巨颊虎

这幅图和下一幅图的场景设定在更新世最早期法国中央高原的林地。在这幅图景中，一头刀齿巨颊虎正在潜行追踪猎物。

图3.19　两头鹿与隐伏在秘处的刀齿巨颏虎

夏天的时候，刀齿巨颏虎会来到谷底林地的溪边觅食，可能会一直等到合适的猎物出现来平息它的饥渴。大型有蹄动物的幼崽是其青睐的目标，正如今天在东非所看到的。欧洲唯一的不同是存在着各种各样的鹿，取代了数量众多的非洲羚羊。在这幅图景中，一头巨颏虎正隐伏在秘处准备向一头雌性真枝角鹿和它的幼崽发起攻击。在第5章中，我们将讨论为什么雄鹿对这种猫科动物来说是更危险的猎物。

与现生大型猫类所具有的中等长度、适于刺杀猎物的圆锥状上下犬齿不同，巨颏虎有着侧扁而增长的上犬齿和相对短小的下犬齿。上犬齿刺入挣扎的猎物体内，似乎很容易造成损坏，而颈部的长度和力量及上下颌的巨大开口显示，该动物张大嘴部攻击猎物，会造成深的伤口。许多关于剑齿虎类所采取的猎杀技巧的讨论均缺乏实践性和常识，我们将在下一章介绍猫科动物的解剖特征和行为时进一步讨论。

刃齿虎属（*Smilodon*）。刃齿虎发现于北美和南美，但从未在欧亚大陆发现过。它是剑齿虎类中最晚出现的成员，大约于1万年前末次冰期的最晚期在北美和南美灭绝。在加利福尼亚州洛杉矶市的拉布雷亚沥青坑中发现了众多化石材料，从而使得该类猫科动物成为最为人所熟知的化石食肉类之一。在沥青坑中共收集到了约100万件骨骼标本，其中包括至少1200个刃齿虎个体的约162 000件骨骼标本（图3.20和图3.21）。

撇开复杂的命名历史，该属目前有3个种被广泛承认。年代最早的为纤细刃齿虎（*S. gracilis*），主要发现于美国东部地区，年代为大约250万年前到50万年前。它是该属体形最小的种，并被认为与其可能的祖先巨颏虎有最近的亲缘关系。毁灭刃齿虎（*S. populator*，图3.22）体形最大，与狮相当，上犬齿巨大并突出延伸至下颌骨下方，总长可达28厘米，从上颌延伸出来可能超过17厘米（图3.23）。毁灭刃齿虎是发现于南美东部的物种，约100万年前，原始的纤细刃齿虎从北美扩散到南美，此后它似乎在该地区独立地进行演化（彩图6）。第三个种致命刃齿虎（*S. fatalis*）最初发现于北美晚更新世时期，中等大小，但在头骨、身体形态及比例上，与南美的种有着重要的差别。致命刃齿虎同样入侵至南美地区，其化石发现于太平洋沿岸区域。因此，南美的两个物种的分布范围被安第斯

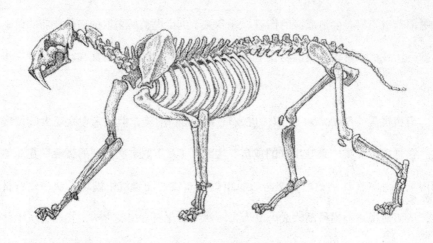

图3.20　致命刃齿虎的骨架和外貌复原

复原肩高100厘米。

图3.21 致命刃齿虎的头骨和头部外貌复原

根据拉布雷亚沥青坑发现的编号为2001-2的头骨材料所绘。就上犬齿的大小而言，仅有巴博剑齿虎和袋剑虎可与刃齿虎相媲美。但是，与前两种不同的是，刃齿虎缺少发达的下颌颏突。

与巨颏虎相比，刃齿虎的身体更大，上犬齿更长，缺乏下颌颏突，前臼齿更退化。尽管南美的标本显示其枕面存在次生抬升（secondary elevation），但刃齿虎头骨的枕部区域仍更为倾斜。与拉布雷亚的致命刃齿虎（如图）不同，南美晚更新世类群——毁灭刃齿虎的头骨顶部轮廓更直，头部两侧的颧弓宽度更大。

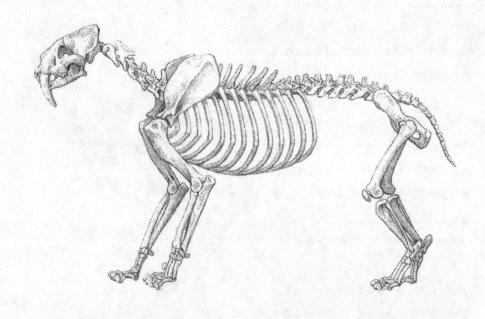

图3.22 毁灭刃齿虎的骨架

刃齿虎的四肢与脊柱的比例类似锯齿虎（图3.11），同样有着缩短的腰椎区域和强有力的前肢。

但尽管锯齿虎的骨骼并不比现生狮子的强壮，毁灭刃齿虎的四肢骨骼却非常粗壮，远端肢骨明显缩短。例如，在晚锯齿虎中，桡骨长度通常是肱骨的91%，而在毁灭刃齿虎中，桡骨长仅为肱骨的73%。此外，刃齿虎的跟骨也更长，意味着它可能比锯齿虎跳跃能力更强，尽管其体重较大，因为跟骨长度的增加会增加踝关节的杠杆长度。这两个属的另一个相似之处在于它们的肩胛骨都很高，尽管我们并不清楚这一特征的功能意义。

复原肩高120厘米。

图3.23　毁灭刃齿虎的外貌复原

产自南美洲卢汉期（晚更新世）地层的标本显示，毁灭刃齿虎是一种非常强壮的动物。与拉布雷亚标本相比，它们有着更短的远端肢骨和更粗壮的掌跖骨。它们的前肢异常强壮，相比之下，后肢显得较纤弱。这些特征可能是对捕猎南美大陆上缓慢移动的"巨型动物群"的适应，如身躯巨大且笨重的箭齿兽和大地懒。甚至有人认为，刃齿虎是导致南美大型食草动物灭绝的重要原因。

猫科物种

图3.24 致命刃齿虎（前）和毁灭刃齿虎（后）的大小对比

图中较小的致命刃齿虎是根据产自美国佛罗里达的一个不完整的标本所绘，稍小于拉布雷亚的致命刃齿虎标本。而较大的毁灭刃齿虎是根据产自阿根廷的完整骨架所绘，但它还不是最大的。可以看出两者在大小上有较大的差异。

山脉所隔开（图3.24和图3.25）。

学者对拉布雷亚的大量样品展开了众多的研究工作，不仅对该类动物的体形和自然变异有了详细了解，对于围绕着该类动物的谜题同样有了一定认识。学者们从骨架上属于躯体各个部分的至少5000件标本上发现了一些古病理现象，从发育异常及牙齿疾病到伤口和机械性劳损。后面的很多病症似乎是因为过度伸展的肢骨导致附着的肌肉和韧带撕裂而引起的。这些动物还有退行性骨关节炎的迹

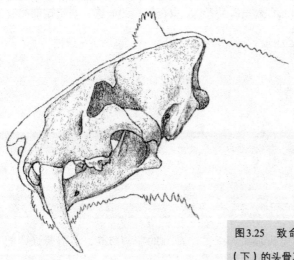

图3.25　致命刃齿虎（上）和毁灭刃齿虎
（下）的头骨及头部差异

可以清楚地看到，与南美的亲属毁灭刃齿虎
相比，北美的致命刃齿虎头骨顶部有一个更
凸出的轮廓（有点让人联想到巨颏虎）。

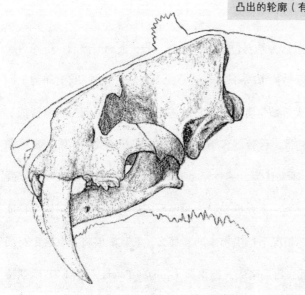

象。一些骨骼，尤其是肩部和脊椎部位，显示出愈合伤口的痕迹，表明该动物有打斗行为，部分打斗可能是在同类之间进行的。

猫亚科

猫族

我们选择将现生和化石锥齿猫类归入一个单独的亚科与族，但需要强调的是，并不是所有学者都同意该观点。有些学者主张将现生猫类分成几个不同的亚科，如豹亚科包括豹属和猞猁属，猫亚科包括猫属，对于猎豹的分类位置则尚未确定。

豹属（*Panthera*）。一般认为豹属包括现生的狮、豹、虎和美洲豹，可能再加上雪豹以及化石类群贡巴瑟格豹（*Panthera gombaszoegensis*，也叫欧美洲豹）和"*Panthera*" *schaubi*。对于大多数学者来说，将这些类群联系在一起的主要特征是喉部舌骨器官中存在弹性韧带，舌骨器官是一个由若干小骨组成的系统，支撑和固定喉腔与舌（图3.26）。通常认为，通过活动这种弹性韧带能够使这些动物发出特有的吼叫，这与其他猫类一系列更安静的叫声形成鲜明对比。如果这个特征确实是从更早期缺失韧带的情况下衍生出来的，那么，它就能够将具有这个特征的物种联系起来。然而最近，古斯塔夫·彼得斯（Gustav Peters）和 M. H. 哈斯特

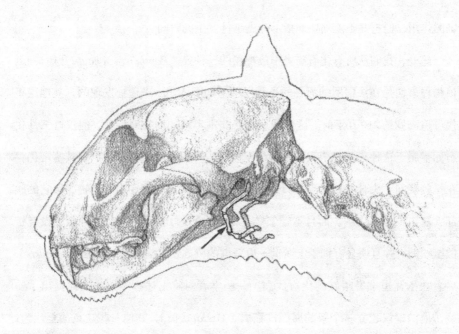

图3.26 舌器

舌器由若干骨骼组成。豹类动物的上舌骨（图中箭头所示）不骨化。这一特征被认为是决定猫科动物咆哮能力的最重要因素，但最近的研究指出，还有一些因素可能同样甚至更为重要。

（M. H. Hast）对吼叫与舌骨韧带之间的相关性以及该性状的分类意义提出了质疑。

通常认为豹属动物是最近才发生适应辐射，演化出若干不同物种的，分子生物学家斯蒂芬·奥布莱恩（Stephen O'Brien）以及他的同事们认为，该辐射演化事件仅发生在过去约200万年间。然而，目前的化石证据并不支持这一观点，我们也没有特别的理由去推断这些大型猫类是现生物种中最晚演化出来的。人们对豹属的早期历史还不甚知晓，分子生物学虽然在评估亲缘关系和分支模式时有明确的作用，但它并不能确切地指示分支事件发生的时间。

此处，我们从所有化石猫类中最神秘的一种猫"*Panthera*"*schaubi*开始讲起。该物种最初是在法国罗纳河谷的圣瓦里耶（Saint-Vallier）遗址发现的，其地层年代可追溯到约210万年前。这个地点有着非常丰富的动物群组合，但仅有三件化石标本属于这种猫：一个头骨和两个下颌骨。尽管标本保存较好，但其鉴定仍存在一些疑问。头骨化石属于一只体形与小型豹或大型猞猁相当的动物，但它的脸部太短，不像现生豹。而且不管怎样，在其后的约100万年间，这种猫类没有扩散至欧洲，并且明显有别于上新世—更新世的伊苏瓦尔猞猁（*Lynx issiodorensis*），后者在圣瓦里耶有很好的化石代表。一些学者对将上述标本归入豹属提出了质疑，他们提议建立一个新的属维氏猫属（*Viretailurus*）。其他一些观点甚至认为，这个类群可能与美洲狮有联系。

其他可能与之相关的发现，只出现在西班牙文塔米塞纳（Venta Micena）遗址约120万年前的沉积物和拉普埃布拉德尔韦德（La Puebla de Valverde）遗址约220万年前的沉积物中。但这两个地点的标本均无法确切鉴定。

美洲豹（*Panthera onca*）是中、南美洲最大的猫科动物，也是中、南美洲最大的食肉目成员（图3.27）。雄性体重可达120千克，雌性可达90千克。它是一种肌肉紧实、体格健壮的动物，外表与豹相似，但总的来说体形更大、更强壮，皮毛图案也存在些许差异。两者都带有黑色的斑点，但是美洲豹的黑斑更大、数量较少（图3.28）。与豹一样，毛色全黑的动物是比较常见的，属于个体变异的正常

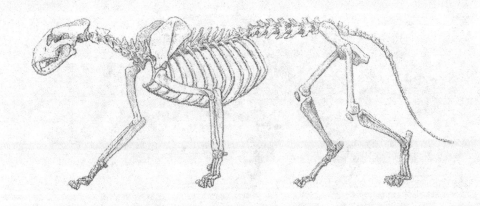

图 3.27　美洲豹的骨架

现生美洲豹是一种非常强壮的动物，除去刃齿虎和巨颏虎的一些个体，它也许是所有猫科动物中最强壮的。它的头骨相对较大，具有显著的矢状嵴和相对较长的吻部。就这种动物的大小来说，它的前肢异常强壮，有助于捕食大型猎物，同时也提高了攀爬能力。事实上，美洲豹是能够熟练攀爬的体重最大的猫科动物。

复原肩高70厘米。

范围。

　　美洲豹在北美更新世最早期的沉积物中就有记录，所以该物种约有150万年的化石历史。尽管现在的美洲豹仅生活于美洲大陆靠南的那一半区域，但在更新世时期，它曾一度横跨南北美洲，有时可至华盛顿州和内布拉斯加州，这时的美洲豹体形往往大于现生的同类。在狮子稀少的地区，美洲豹有着最为丰富的化石记录，尤其是在佛罗里达州、得克萨斯州和田纳西州。它很可能与常被称为欧美洲豹的贡巴瑟格豹的亲缘关系最密切。

　　总的来说，美洲豹的主要猎物包括水豚、貘、南美泽鹿、西猯、犰狳和豚鼠，但美洲豹是一个游泳能手，也可能捕食鱼、龟，甚至是小型的短吻鳄。在委内瑞拉，美洲豹会杀死包括牛在内的家畜，虽然通常捕食的是幼崽，但它们也曾杀死过重达500千克的公牛。在巴西，它们能够对付那些攻击性强的白唇西猯，而同一地区的美洲狮一般都会避免捕食这类动物。美洲豹绝大部分时候是独居的，在其分布范围的温带地区按季节进行繁殖，在气候变化不明显的热带地区则可以全年繁殖。

在地理分布上，现生美洲豹表现出一种有趣的体形变异模式：最小的个体见于赤道地区，但随着分布区向南北两端推移，其体形逐渐增大。这种体形变异模式被称为渐变群（cline），很有可能与气候和栖息地的综合因素有关。因为在较寒冷的气候条件下，为了减少热量的损失，发展出较大的体形对动物来说是有利的，而且在更为开阔的地形，往往会遇到更大的猎物。因此，现存体形最大的美洲豹生活在树木较少的栖息地中。在食肉目的许多其他成员中也能观察到体形渐变群，尽管很少存在这种朝向南北两个方向的双重变异模式。其中，最有趣的要数棕熊，西伯利亚和阿拉斯加近乎交界处的白令地区的棕熊体形最大，而无论是向东还是向西，它们的体形都趋于减小。在过去100万年间的冰川期海平面下降期间，包括美洲豹在内的美洲和欧亚动物群会通过白令地区进行交流，在两地之间迁徙扩散，棕熊体形的渐变群表明以前在两地存在过一个共同的种群。

现生美洲豹除了有体形的渐变外，还有证据表明，随着时间的推移，在美洲豹演化支系中，存在体形变小的总体趋势，与它们更新世的祖先相比，现生动物的体形要小得多。后期的美洲豹还表现出了四肢骨骼缩短的迹象，尤指是掌、跖骨（相当于我们手掌和脚掌的骨骼），比约恩·柯登认为这可能意味着美洲豹更适应在森林和沟谷交错地带生活。鉴于在化石沉积物中，美洲豹与狮子是互斥的，很可能后期出现的狮子将美洲豹从其早期分布范围中的开阔地区驱逐了出去，在此过程中，美洲豹不得不改变自己的生态习性，最终选择了更适应封闭环境的身体构造。

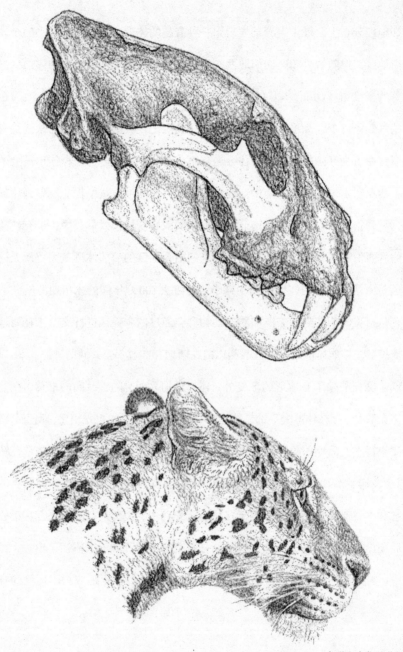

The Big Cats and Their Fossil Relatives 大猫和它们的化石亲属

图3.29（对页图） 欧美洲豹的头骨和头部外貌复原

虽然这种猫科动物在多个地点都有发现，但目前还没有非常完整的头骨材料。我们的复原是根据乔治·库弗斯描述的产自米格多尼亚盆地（Mygdonia Basin）的不完整头骨标本所绘。虽然这件标本已严重风化并缺失颧弓部分，但它仍然能提供有关该动物的整体比例信息。头骨缺失的部分以及缺失的下颌骨在图中都以浅色显示。

灭绝的欧美洲豹（图3.29）最早的化石记录出现于意大利奥利沃拉（Olivola）约160万年前的沉积物，并因在意大利维拉方期的其他化石点发现的一些个体而以晚出异名托斯卡纳豹（*P. toscana*）为人所知。然后，一直到中更新世时期它都有很好的化石记录，出现在英国的韦斯特伯里（Westbury）、德国的莫斯巴赫（Mosbach）、西班牙的阿塔普埃卡（Atapuerca）和法国南部的埃斯卡勒（L'Escale）等地。特别是在布里斯托正南边的门迪普山下韦斯特伯里（Westbury-sub-Mendip）的中更新世沉积物中有很好的欧美洲豹的化石代表。从这些地区的化石标本推断，欧美洲豹似乎是一种大而强壮的动物，比现存于新大陆的美洲豹还要大。

狮（*Panthera leo*）现生活于赤道以南非洲的大部分空旷原野，还有少部分残存种群生活在印度西北部的吉尔森林保护区，据1990年的统计调查估计，个体不足300个。但在历史上，整个非洲、阿拉伯半岛、希腊和印度北部的大部分地区都发现过它的踪迹，在伊朗的最近一次报道是在20世纪40年代。即使残存的印度种群在20世纪上半叶的分布也比现在广得多。在晚更新世时期，狮子的分布横跨欧亚大陆，最终进入美洲大陆（图3.30和图3.31），向南可达秘鲁。美洲的狮子（彩图7）经常被归入另一个单独的种美洲拟狮，桑德拉·赫林顿（Sandra Herrington）的最新研究指出，关于美洲拟狮是否就是现生狮的争端，也许是因为过去10万年间北美最北部有一些虎出现而引起的。

狮子最早的化石记录来自约350万年前坦桑尼亚的莱托利（Laetoli）地区。对于如此大的一种动物来说似乎有些怪异：在此之前我们根本没有发现有关的化石记录，甚或可能的祖先类群。在欧洲，它最早出现于意大利伊赛尔尼亚（Isernia）地点约70万年前的沉积物中，自那时起，它就成为欧洲动物群的常见成员。末次冰期和间冰期的几个沉积地点，如德国的盖伦罗伊特（Gailenreuth）和波兰的上维日霍夫洞（Wierzchowskiej Gornej），产出了来自许多不同个体的化石材料。

对于在欧洲标本中观察到的变异，学者提出了许多分类方案，一些学者甚至认为当时存在的是虎而不是狮，但缺乏实证。这种混乱似乎主要源于不同学者对动物体形大小的重视程度。现生非洲狮的大小在地理分布上出现了巨大的差异，总体而言，来自非洲大陆南部的个体要比东部的大。在所有群体中，雄性都比雌性大得多，这个情况使狮的大小变异模式显得更为复杂。在非洲东部，雄狮的平均体重约为170千克，雌狮的平均体重约为120千克。而在非洲南部，记录显示雄性的平均体重约为190千克，最大的可达225千克。当地理和性双型（sexual dimorphism）这两个因素都被考虑在内时，欧洲标本的差异程度可以很容易地并入单个物种中。此外，性双型的程度意味着，若用在特定的时间和地区所发现的单个标本的大小来推断该时期狮子的典型大小，将具有极强的误导性，我们在研究任何一种猫科动物时都必须谨记这一点。平均而言，欧洲狮大于现生狮，且有些个体确实非常之大，但两者在体形大小范围上有很大的重叠。

非洲狮群的社会结构以及流浪雄狮群的存在显示，狮子骨骼的化石组合可能在很大程度上由单一性别的遗骸组成。由于雄性比雌性大，这种大生物个体的单性别的化石组合没有分类意义。但是，它们可以为我们提供一些关于当地种群社会行为的信息。

对于现生狮子来说，角马、斑马、水牛、狷羚、长颈鹿和疣猪是最为重要的猎物。本书的第4章和第5章对狮子的捕猎行为进行了充分讨论，结果显示在欧洲地区，马和大型的鹿是其所偏好的猎物，尽管更大的更新世狮子也可能将一些大型的牛科动物作为捕猎目标。

虎（*Panthera tigris*）的历史分布区从西部的里海经印度和东南亚（包括印度尼西亚）一直延伸至中国北部以及西伯利亚地区。虎是现生猫科动物中最大的，尽管不同种群之间大小有差异，相同种群的雄性和雌性之间也存在相当大的差异。爪哇地区的雄虎可能重达140千克，一只雄性孟加拉虎可能重达260千克，而西伯利亚雄虎的体重通常在280千克左右，最大可达384千克（图3.32）。

与狮不同，虎通常被认为是独居动物，喜欢更封闭的植被环境，在那里，它通过追踪伏击捕食猎物。其偏好的猎物包括水鹿（东南亚最大的鹿）、较小的轴

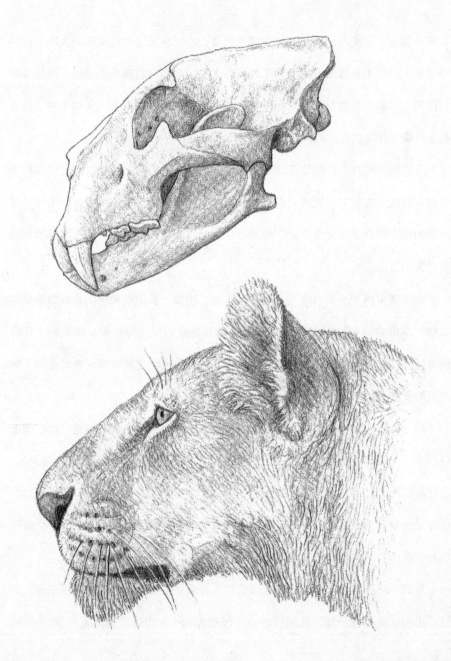

The Big Cats and Their Fossil Relatives 大猫和它们的化石亲属

鹿、野猪、印度野牛（最大的野牛）和叶猴。目前，尚不清楚独立捕猎是否是虎的社会性和捕猎行为中相对较晚发展出来的，但在诱饵处观察虎的行为，表明它可能和狮子一样具有潜在的社交能力。我们应该尽可能地认识到，这两个物种的行为均存在一定程度的灵活性，并且记住观察结果只告诉我们已经发生的事，不一定告诉我们可能发生什么。（在第5章中，我们将更充分地讨论现生猫科动物的社交互动模式。）

虎的化石历史可以追溯到约150万年前，地点基本上与现代的分布区域相同，尽管俄罗斯古生物学家在高加索地区晚更新世沉积中也发现了虎的化石。但是，一些化石标本的鉴定还有待商榷。在西伯利亚北部地区同样发现了一些化石材料[1]，远超出其历史分布的北部界限，由此产生一个问题，即虎是否曾像狮子一样，在海平面下降的时候，穿过白令陆桥进入美洲。尽管虎和狮外形相似，但我们还是可以区分两者的骨骼材料（图3.33），并且正如我们已经提到的，桑德拉·赫林顿对白令陆桥东部地区（现在的阿拉斯加）发现的头骨材料所进行的最新研究认为，在10万年前的末次冰期，狮和虎都曾在此处出现。

---

[1]虎在西伯利亚北部的化石记录主要来自19世纪的文献，地点是亚纳河和利亚霍夫群岛，这些记录尚有待考证，因为较新的研究中这一区域的大猫化石均为洞狮。

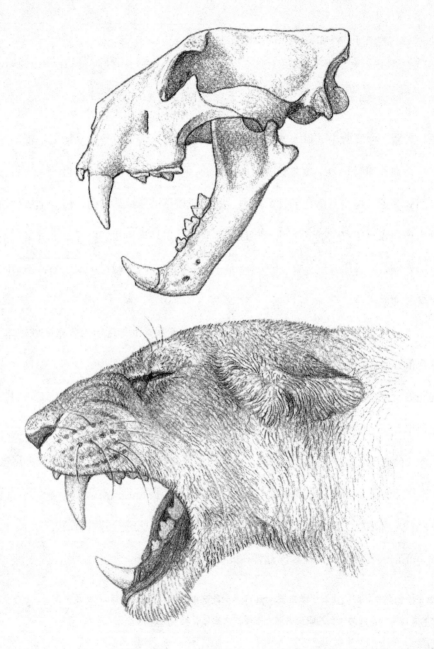

狮子的远祖很可能是皮毛带斑点图案的、外貌像豹的动物，但是，更新世欧洲洞狮的皮毛是偏纯色的，就跟它们现存的亲属一样。这一点清楚地见于旧石器时代晚期的洞穴艺术对洞狮的描绘，包括最近发现的法国东南部阿尔代什山谷（Ardeche valley）绍韦洞穴中的壁画。这些壁画展示了洞狮外貌的准确细节，比如胡须底部的黑点。让人惊讶的是，这些壁画中没有描绘任何带鬃毛的个体。是雄性欧洲洞狮缺少鬃毛，还是我们的先祖仅仅看到了在现生狮中所常见的以雌性为主导的典型族群？

图 3.32 虎的外貌

生活在不同地区的虎在大小和外貌上有很大差异。这里展示的是来自西伯利亚的两个个体。虎是现存最大型的猫科动物。

复原肩高95厘米。

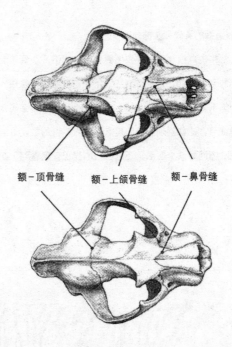

额−顶骨缝　　　额−上颌骨缝　　　额−鼻骨缝

图3.33　狮（上）和虎（下）的一些头骨差异

虽然狮和虎的皮毛图案使它们呈现出非常不同的外表，但是它们的骨骼在大小和整体形态上却是非常相似的。不过，法国古生物学家马塞兰·布勒（Marcelin Boule）在20世纪末提出的标准还是非常有助于区分这两种动物的。图中显示了这两种动物在一些头骨特征上的差异，背视时，尤其要注意额−顶骨缝、额−上颌骨缝和额−鼻缝的特征。

　　豹（*Panthera pardus*，图3.34），目前可见于非洲的众多地方、近东和中东、南亚大部分地区及马来群岛，它是现存大猫中分布最广的一类。在广泛的地理分布范围内，其猎物种类也有很大不同，但主要包括瞪羚、黑斑羚、小角马、狒狒、豪猪、薮羚、鹿和野山羊。有说法认为，豹尤其偏爱捕食犬类，但这究竟是对曾被犬类猎杀的回应还是反映其真正的饮食偏好，目前尚不清楚。在更新世时期，豹也出现在欧洲大部分地区，但它似乎没有跨越白令陆桥进入北美。它在现今和过去的广泛分布说明，这种大型猫科动物具有把握机会应对各种环境的综合能力。

与狮子的情况类似，豹最早的记录来自坦桑尼亚的莱托利地区，欧洲的最早记录来自法国南部瓦隆内（Vallonnet）地区约90万年前的沉积物。此后，它在欧洲的记录比较零散，唯一有较多材料保存的地方就是意大利末次冰期的埃奎洞穴（Equi cave）遗址。现生的豹大多独居而隐秘，化石记录很难反映其真实的生存状况。

和其他猫科动物一样，豹也具有性双型现象，在地理分布上，体形大小表现出了较大的差异，使得对不同大小的化石标本的鉴定变得更为困难。在东非，大型现生雄豹的体重可达70千克，而那些来自南非开普省的雄豹可能只有其一半大小。然而，所有的迹象表明，欧洲种群的体形是现生豹中最大的。在评估豹的捕猎能力时，考量体形大小是非常重要的。豹是一种强壮的动物，能够拖动大的尸体（图3.35），当它们面临被鬣狗偷盗的威胁时，可以将猎物拖拽到树上隐藏起来（图5.25和图5.27）。

雪豹（*Panthera uncia*，图3.36）是一类中等大小的猫科动物，其分布范围相当有限，主要集中于阿富汗北部、巴基斯坦、印度、喜马拉雅山脉的边界地区并向北延伸至蒙古国。雪豹的化石历史鲜为人知，直到不久之前，其化石记录还仅包括100年前在蒙古国西部边陲的阿尔泰山洞穴晚更新世遗存中发现的少量化石。

The Big Cats and Their Fossil Relatives 大猫和它们的化石亲属

图 3.34 豹的外貌复原

我们可以通过观察本图和图 3.28 中相似的姿态来比较豹与美洲豹，可以看到豹身体更纤巧，腿更长，头部相对更小，皮毛图案也不同。这幅图展示了博茨瓦纳豹的典型皮毛图案，而一些亚洲个体的皮毛有着更大的玫瑰花斑图案，外观类似美洲豹。

复原肩高 70 厘米。

图中场景设定在200万年前的东非稀树草原上，一头豹正叼着一只健壮的南方古猿——鲍氏傍人（*Paranthropus boisei*）的尸体，可能是在寻找一棵可以藏身的树，以便躲避鬣狗或狮子等潜在的偷猎者袭击。作为真象的远亲，博氏恐象（*Deinotherium bozasi*）是当时大型哺乳动物群中相当常见的一员，尽管它很快就绝灭了。豹对恐象不造成威胁，但这种巨大的动物仍会对豹发出警告，阻止豹占用附近的树木。

然而最近，对巴基斯坦北部的西瓦里克上部沉积物中标本的鉴定和测年工作表明雪豹很可能在140万到120万年前就已经在那里生存了。

雪豹和普通豹的大小相当，雄性的体重可达75千克，虽然它华丽的皮毛和长而粗壮的尾巴会使它看起来更大。雪豹的皮毛图案大体与豹和美洲豹相似，但底色要浅得多。其猎物的大小范围也与豹的相似，当地可利用的猎物资源决定了它们的食谱，其中岩羊、捻角山羊（最大的野生山羊之一，有厚厚的螺旋状的角）和土拨鼠是它们的主要食物来源。

关于雪豹与其他猫科类群的亲缘关系还存有一些疑问，它的头骨形态、身体比例以及相对短而圆的犬齿均显示它与猎豹（图3.37）有一定的亲缘关系。雪豹的头骨顶部宽而圆隆，提供了增大的鼻腔和气窦，很可能与它在寒冷环境中生存有关。从来没有人听到过雪豹的吼叫，这使我们难以确定其舌骨器官的确切性质。基于上述原因，一些学者将雪豹单独归入雪豹属（*Uncia*）。

雪豹毛皮的华美和珍稀使它遭到了冷酷的猎杀，野生种群数量已经急剧下

图3.36 雪豹的头骨和头部外貌复原

这可能是所有现生猫科动物中最美丽的物种了。然而，美丽的皮毛和身体的药用价值也使这种动物濒临灭绝。

The Big Cats and Their Fossil Relatives 　　　大猫和它们的化石亲属

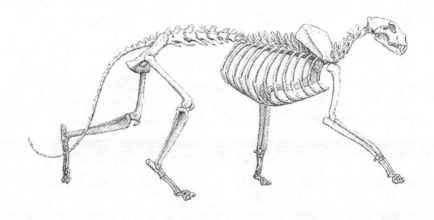

降。食物资源的匮乏和栖息地的贫瘠让雪豹选择离群索居，因而种群密度极低，当生存压力增大时，这种生活方式无疑有着更大的灭绝风险。

　　雪豹的足在爪垫之间长出了很厚的毛垫。这提供隔离功能，帮助足部在冬季保持温暖、在夏季保持凉爽——否则夏季灼热的岩石表面会让它很不舒服。这些毛还可以起到雪鞋的作用，在一定程度上分散重量，帮助雪豹在雪地上行走而不会陷得太深——这种特征同样见于北方的猞猁。

猫属（*Felis*）。美洲狮（*Felis concolor*）是唯一一种通常被归入猫属的大型猫科动物，又被称为山狮或美洲金猫。考虑到其特殊性，已经有人建议对它进行重新归类，将它归入单独的美洲狮属（*Puma*），学名变成*Puma concolor*。对于这个问题，我们没有特别强烈的看法，因此就本书的目标而言，我们决定在此保留*Felis*这个属名。现今，该物种在美洲的众多地区都有发现，从加拿大西部的不列颠哥伦比亚省到南美洲南端的巴塔哥尼亚。与豹相似，美洲狮也展现了一般大型猫类特别是那些独自隐秘行动的类群所具有的广耐受性。它是一类中等大小且非常强壮的猫科动物，大型雄性个体的体重可达103千克，这意味着它的平均大小介于豹和美洲豹之间（图3.38和图3.39）。它能杀死与加拿大马鹿大小相当的猎物，尽管白尾鹿、黑尾鹿、泽鹿、西猫和原驼才是它最常见的猎物。美洲狮经常

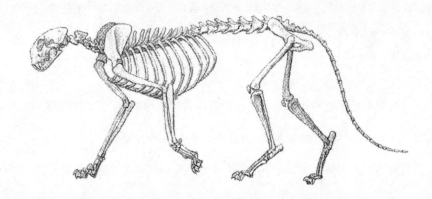

图3.38　美洲狮的骨架

复原肩高65厘米。

图3.39　美洲狮的外貌复原

虽然美洲狮常被称为"山狮"，但它的身体比例却与真正的狮子大相径庭。它的头部更小、更圆，前肢相对更短，尾部覆盖有长而浓密的毛发，尾尖没有黑色绒毛。

将洞穴作为居住的巢穴，并表现出喜好居住在树木繁茂地区的倾向。

现生美洲狮的一个显著特征在于体形的变异程度，从赤道向南北两侧其体形都显著增大，这再一次提醒我们仅用大小来鉴定化石物种是非常不可靠的。

在美洲大陆之外，尚未发现美洲狮。在过去约50万年间，美洲大陆有着相当不错的美洲狮的化石记录，但是它的早期演化历史仍未知。有学者认为，它可能与现生猎豹以及美洲的猎豹形动物有着较密切的亲缘关系，后者被归入惊豹属（*Miracinonyx*），下文将进一步讨论。有意思的是，最近一些有关美洲狮的分子生物学研究表明，猎豹可能是与它亲缘关系最近的现生物种，两者在350万年前才分离开来。

猎豹属（*Acinonyx*）。现生猎豹（*A. jubatus*）在历史时期曾见于非洲、亚洲和近东地区，现今它主要以独立的种群分布于非洲地区。其最早的记录来自约350万到300万年前的非洲东部和南部，但在几乎同一时间的欧洲和亚洲也出现了一类大型的猎豹。欧洲种群被归入一个单独的种巨猎豹（*A. pardinensis*，图3.40），最晚见

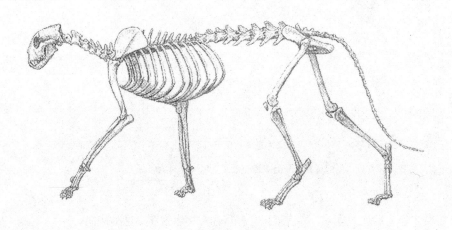

图3.40 巨猎豹的骨架

这种巨型猎豹的头骨发现于法国圣瓦利耶地点，而最完整的头后骨骼则产自时代稍早的中央高原佩里耶地点，在那里发现了一头巨猎豹的肢骨和大部分椎体。这些材料显示，与现生猎豹一样，巨猎豹也是短跑能手，有着非常细长的四肢。遗憾的是，目前还没有发现任何掌骨化石，因此我们采用了与现生猎豹相同的身体比例来复原。佩里耶标本的背部特别长。

据称，欧洲的巨猎豹和狮子一样大，佩里耶个体的肩高确实与一头小型狮子相当。但这是由于其四肢骨骼增长了，它生前比任何狮子都要轻得多。

复原肩高90厘米。

于德国莫斯巴赫遗址约50万年前的沉积物中。两个物种之间的区别主要在于大小，而且从逻辑上讲，非洲和欧亚大陆的标本似乎可以归入同一个物种。

欧洲的巨猎豹比现生猎豹要大得多，其体重最大约60千克，如图3.41所示。它具有与现生猎豹相仿的身体比例，而由于在给定的步频下，步幅大小会反映在奔跑速度上，因而推测这种大型物种可能比它们的现生亲属跑得更快，尽管更大的体重可能抵消了由大体形所带来的各种优势。我们尚不清楚它们是否需要跑得

图3.41　现生猎豹（前）和巨猎豹（后）的体形对比

图中展示了佩里耶巨猎豹与中等大小的现生猎豹的体形对比。与它们的现生亲属相比，巨猎豹生活在更寒冷的环境中，因此，我们可以合理地想象，它有着相当浓密的皮毛，就像今天生活在中国和西伯利亚的豹与老虎一样。至少在寒冷的月份里，这样的皮毛会让动物看起来更结实。我们将更新世巨猎豹的皮毛图案绘制得与所谓的王猎豹相似，但后者实际上是一种变异类型。

更快。一般来说，当物种在更为寒冷的气候中生活时，其体形通常会更大，因为大的体形能更好地保存热量（正如之前我们在谈论美洲豹时所提到的）。欧洲的猎豹可能只是反映了这一事实，而更快的奔跑速度可能仅仅是一个副产物。更大的体形在制服猎物时也会有所帮助，因此对于动物为什么选择演化出更快的奔跑速度，我们可以提出上述两种互不相斥的解释。现生猎豹的猎物主要是瞪羚、黑斑羚和跳羚，偶尔也捕食幼年斑马，而化石猎豹的猎物只能依靠推断（图3.42），

图3.42　巨猎豹正在追逐梅氏高卢斑羚（*Gallogoral meneghini*）

尽管巨猎豹要比现生猎豹大得多，但是像梅氏高卢斑羚这样的羚羊类群几乎已经是巨猎豹所能猎取的最大的猎物。

我们将在第5章进一步讨论。

目前发现的化石猎豹的标本数量并不多。不少地点仅有一块化石作为一种猎豹存在的证据。最重要的例外出现在法国罗纳河谷东岸的圣瓦里耶遗址，在该地点约210万年前的沉积物中发现了若干个体的头骨遗骸。然而，这种普遍的稀缺性似乎与我们所了解的现生猎豹的行为是相符合的——除去养育幼崽的雌性，猎豹很大程度上是独居的。高速追逐的狩猎方式并不适合让它们与其他个体合作行

动，因此，在某一特定地区，猎豹的数量可能是非常少的。这一特性以及猎豹对互不重合的领地的需求，可以在很大程度上解释其广阔的地理分布范围，这一范围在其演化的早期阶段即已获得并且保持了相当长的一段时间。

惊豹属（*Miracinonyx*）。在北美我们发现了两种化石猫类：意外惊豹（*M. inexpectatus*，图3.43和彩图8）和杜氏惊豹（*M. trumani*，图3.44）。但是，这些动物的分类地位还存有疑问。在年代范围方面，更大型的意外惊豹在约320万年前就有记录，而杜氏惊豹则延续到了2万至1万年前。两者都展现出了猎豹的总体特征和身体比例，前者在大小上与欧洲上新世—更新世的巨猎豹相当，后者则

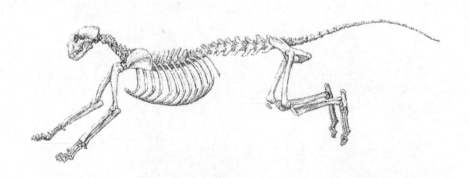

图3.43　意外惊豹骨架

这幅图是根据产自美国弗吉尼亚州汉密尔顿洞穴的一具几乎保存完整的骨架材料所绘。这种早期（上新世—更新世）惊豹成员的身体比例介于美洲狮和现生猎豹之间，并且比两种现生物种要大。与猎豹相比，它的下肢没有那么长并且拥有可完全伸缩的爪。从这具骨架得出的总体印象是，意外惊豹是一类全能型猎手，比美洲狮跑得更快，又比猎豹更加强壮，更擅于攀爬。复原肩高85厘米。

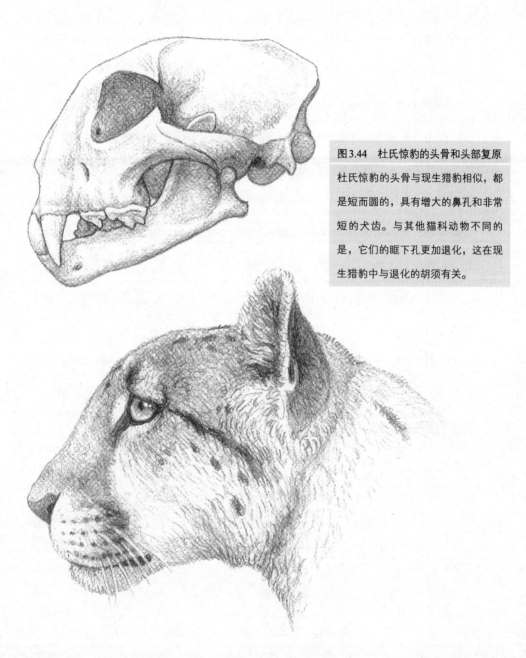

图3.44 杜氏惊豹的头骨和头部复原

杜氏惊豹的头骨与现生猎豹相似，都是短而圆的，具有增大的鼻孔和非常短的犬齿。与其他猫科动物不同的是，它们的眶下孔更加退化，这在现生猎豹中与退化的胡须有关。

猫科物种

与现生猎豹更为相似。因此，一些学者曾将它们归入猎豹属，另一些学者则将之归入猎豹属的惊豹亚属，还有学者将它们单独归为惊豹属。

尽管这些动物展示了类似现生猎豹的细长骨骼、短的头骨以及窄而高冠的牙齿，但在许多具体的骨骼特征上，它们与现生猎豹仍有较大差异。如能完全伸缩的爪，就被用来说明美洲类群处于更原始的状态。这个证据暗示美洲类群有着猫科动物一些更一般化的特征，而与有着更进步形态特征的欧亚猎豹并没有很近的亲缘关系。美洲的早期类群——意外惊豹过去也曾被认为在形态上接近美洲狮，乃至可能是它的祖先。

爪的伸缩性问题将在下一章中进行讨论，在下一章中，猫科动物的这一特征得到了更为详细的研究。但即使美洲和旧大陆的猎豹与猎豹形动物在分类学上确实有区分，它们也不会是不相关的。具有猎豹形态的动物约在同一时期同时出现在非洲、欧亚和美洲地区，而美洲类群呈现出更为原始的特征，这可能会使人认为猎豹是起源于美洲然后迁徙扩散至亚洲的。

4

解剖结构与行为

在这一章中，我们将试图归纳一些现生猫类最重要和最独特的解剖特征，展示猫科动物的灵活性和活动范围是如何与身体属性紧密联系的。对现生猫科动物解剖结构和行为的了解也让我们得以对一些化石物种的行为、功能进行推断。

我们首先来了解一下猫科动物的毛色和花纹，因为这是它们外观最明显的特征之一。

毛色和图案

现生猫科动物的毛色和花纹十分多变，但也存在一些基本规律，可以分成几个主要类型。基本上，大多数猫科动物的皮毛都是在不同浓度的黄色背景上显示出典型的斑点、玫瑰花斑（rosette）或条纹图案。如图4.1所示，一些物种如狮或美洲狮，尽管在成年后有着单一的毛色，但幼崽的皮毛上是有花纹的，并且可以一直保留到成年早期。与之相反的是，幼年猎豹皮毛上的花纹相对较少，而在成年猎豹中，花纹则变得非常显眼。此外，还存在黑化（melanistic）或说黑色变种这种奇怪的现象，在豹中特别常见（黑豹经常被错误地认为是一个单独的物种）。这种黑化同样以一定的频率出现在美洲豹种群中。但即使是黑化个体，若从一个合适的角度来观察（以便光线捕捉到花纹排布状况），我们还是可以看到这些动物若隐若现的花纹。

对毛色的遗传学基础，我们已有了较好的认识。研究表明，所有的皮毛花纹

The Big Cats and Their Fossil Relatives 大猫和它们的化石亲属

图4.1　成年和幼年的猎豹（上）、美洲狮（中）、狮（下）

这幅图展示了三个现生物种的幼年和成年个体在皮毛图案上的差异。

都可能是从一种基本的暗色条纹图案衍生而来，在一些动物中，这些条纹分裂成更小的斑点和玫瑰花斑，在另一些动物中则弱化消失了。这些暗区将出现在不同浓度的黄色背景上，如果黄色背景的遗传编码发生改变，就会形成大部分或完全黑化的个体。然而，值得注意的是，一些成年后皮毛无花纹的物种，如狮子和美洲狮，其幼年个体会经历一个有斑点花纹的阶段。这一现象可能表示猫科动物皮毛的原始状态是带斑点的。

猫科动物毛色花纹的演化在一定程度上受隐匿行为所带来的选择压力影响。譬如，对于豹和美洲豹来说，即使知道它们的存在，我们也很难在斑驳的树影下分辨出它们的身形。而作为一种识别伴侣或传递社会信号的手段，毛色花纹对动物自身的重要性也不应被忽视。我们之前提到过繁殖系统为物种提供一致性，在这里就显示出了它的重要性，猫科动物皮毛的一些花纹特征可能与之密切相关。雄狮特有的黑色鬃毛是一个典型例子，它具有明确的社会意义，是显示雄狮在狮群中地位的一个指标（图 4.2）。其他细节特征，如老虎耳朵后面的白色斑点以及豹和猎豹尾巴尖端（或尖端腹面）的白色部分，被认为是指引幼崽跟随母亲穿过茂盛草地的重要视觉线索。

在对仅有化石记录的猫科动物进行外貌复原时，其毛色花纹显然是一个开放的问题。在每个复原工作中，我们都试图用合适的毛色花纹来描绘动物，而非让它们保持同一种存疑的中性颜色。此外，我们还考虑到了一些毛色花纹的广布性，由此可见这是原始的普遍状况（见下文"复原"部分）。

图4.2　成年和亚成年雄狮

成年雄狮（左侧）通过展示体形和鬃毛来宣示其统治地位。这幅图展示了一种挺直的站立姿态或所谓的"昂首阔步"的行走姿态，突显了成年和亚成年雄狮（右侧）之间的差异。

众所周知，动物的毛皮"外衣"实际上是毛发的集合。每根毛发带有特定的颜色，聚集在一起形成图案，除去颜色上的变化，毛发长度和厚度也因分布位置的不同而有所区别。其中，最明显的区别体现在胡须上，胡须是一种高度特化的毛发，它的功能将在"触觉"一节讨论。

感觉

良好的感觉能力对许多在不同环境中生存的动物来说是必需的，对于那些必须精准定位并将猎物制服（以防猎物躲避和反抗）的捕食者来说，这一点更是至关重要。猫科动物的感觉能力相比其他能力要发达得多，尽管讨论感官的绝对差异并指出哪种动物拥有最好的视力、最好的听力等是很困难的。

视觉

家猫以夜能视物而闻名，这源于它们和人类在眼睛构造上的重要差异。然而，并不是所有的猫科动物都具备非常好的夜视能力，此外，有一些别的动物也能在黑暗中清晰视物。

简单地说，夜视能力的强弱取决于是否能够使更多的光线进入眼睛，以便光线能被视觉神经检测到并将信息传递给大脑（这一原理适用于所有用来改进人类夜视能力的光学设备）。同时，由于白天有更强的光线可供利用，因此，除去完全夜行的动物，一般动物的眼睛都保留有白天视物的能力。这些相互矛盾的需求可以通过一系列眼球结构的改变来调和，这些改变可以允许不同量的光进入眼睛，从而增强最低光线亮度（图4.3）。

首先，眼睛吸收光量的变化可以通过瞳孔的开闭来实现。瞳孔是眼球中心的黑色部分，当你站在强光下靠近镜子站着时，很容易观察到瞳孔的开闭。闭上双眼大约十秒钟，然后睁开眼睛并迅速靠近镜子观察镜里的瞳孔，你会看到它们变小了，因为在你闭上眼睛的时候，瞳孔已经张大以接收更多的光量。

图4.3　猫科动物的瞳孔关闭机制

这幅图展示了众多猫科动物的瞳孔是如何在睫状肌的牵引下闭合成一条狭缝的。在黑暗环境中，小型真猫属动物的瞳孔几乎是圆形的（左图左侧）。在明亮的光线下，它的瞳孔收缩成一条狭缝（左图右侧）。在猫科动物中，控制瞳孔的肌肉是相互交叉的（如右图所示），不像人类的眼睛那样肌肉环绕在瞳孔周围。

　　我们人类的瞳孔是圆的，而家猫的瞳孔是狭长的。狭长形瞳孔的优势在于，其孔径缩小幅度要超过圆形瞳孔，如果有必要，它甚至可以完全闭合。因此，狭长形瞳孔可以进行最大程度的开闭，以应对各种情况。这种机制也能保护眼睛免

解剖结构与行为

受强光的损害。狭长形瞳孔见于许多小型猫科动物，但在较大型的类群中则并不常见，狮子的瞳孔仅稍呈椭圆形。

　　夜视程度是由视网膜的光敏感度决定的，视网膜是眼球后表面的光受体细胞层。这一细胞层通过视神经连接到大脑，在此处接收到的光均能被探知。为了应对低强度的光线，夜行动物的眼睛还进行了改良——在视网膜后增加了一个反射层，称为视网膜光神经纤维层（tapetum lucidum）。这一反射层将穿过视网膜的光反射回去，给了视网膜探测光线的双重机会。正是这种反射产生了众所周知的亮瞳效应，当光线投射在黑暗中的夜行动物身上时，我们所看见的闪烁着的眼睛就是从它们视网膜光神经纤维层反射回的光。

　　只有小型猫科动物拥有狭长形瞳孔，这一点可能暗示，只有这些物种是在夜间活动的，它们的夜视能力比它们的大型亲属要强。然而，我们知道很多大型猫科动物也经常在夜间活动，其夜视能力显然是足够的。

　　除了适应各种环境，眼睛还需要提供关于距离的信息。这对于需要捕捉快速移动猎物的捕食者来说尤其重要，在估测好距离后，它们通常会跳扑到猎物身上。获取距离信息的最佳手段是依靠双目视觉系统，在该系统中，两个眼球的视野可以在一定程度上重叠，使大脑可以同时获知来自两点的信息，从而综合判断目标物体离观察者有多远。这样一个系统要求两眼朝向前方而不是两侧，就像我们的眼睛一样。当然，眼睛朝向侧方可能会给动物带来其他的优势，比如给予动物更宽阔的整体视野，但对于眼睛朝向前方的动物来说，同样可以通过增强眼球的灵活性来实现这一点。正如我们所预料的那样，猫科动物的双目视觉程度在食肉目中是最高的。

诚然我们很难发现有关化石猫类视觉的直接证据，但我们可以通过观察头骨化石眼眶（眼窝）的大小和位置来推测它的主人是否存在双目视觉系统。许多剑齿虎类动物的眼窝似乎都较小，意味着它们的大部分活动集中在白天。但也有一些例外情况，如锯齿虎属晚期成员的眼眶似乎变大了。头骨内部可以提供大脑表面结构的信息，因此，我们从脑颅的大小和结构上也得到了一些有关视觉能力的证据（图4.4）。我们发现，美洲后期的锯齿虎的视觉皮质似乎存在不寻常的增大，而在现生猫科动物中，视觉皮质是大脑中处理视觉信息的部分。

与剑齿虎类相反，现生大猫的早期祖先就有着相对较大的眼睛，它们可能主要在夜间活动。

听觉

尽管博物学家乔治·夏勒（George Schaller）认为狮子完全可以听到来自遥远地方的声音，但迄今对大型猫科动物听觉能力的研究还很少。一些研究表明，家猫的听觉能力尽管会随年龄的增长而有所下降，但仍大大超出了人类的听觉极限。猫科动物的外耳称为耳廓，由皮肤下的软骨组成，在某种程度上是十分灵活的，类似一种追踪声音方位的扫描设备。在不同物种中，耳廓在头部的相对位置

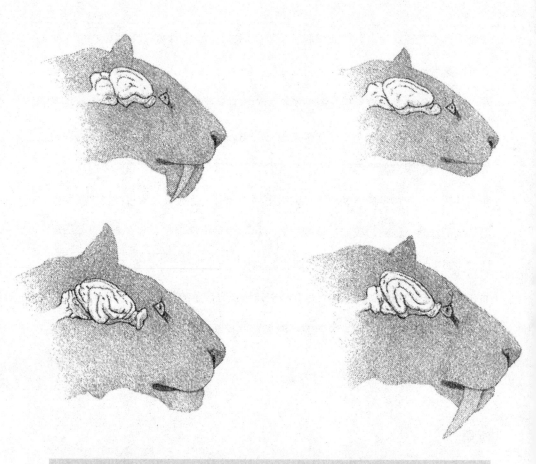

图4.4 猫科动物头部轮廓, 图示脑颅形状

许多化石猫类的脑颅形状是根据天然形成的颅腔模型 (颅腔内固结的沉淀物保存了头骨内表面的细节信息) 或保存完好的头骨铸型所得。在这幅图中, 我们可以观察到猎猫科动物古剑虎 (左上) 和三种猫科动物原猫 (右上)、豹 (左下)、刃齿虎 (右下) 的脑颅形状。

猎猫科动物和早期的原猫都展现出一种更简单的脑沟和脑回路模式, 表明它们脑颅的复杂性较低。刃齿虎展现出一种现代的脑沟模式, 就像豹及所有中新世之后出现的猫科动物一样。与原始状态相比, 现生猫科动物的脑颅中控制听觉、视觉和肢体协调性的区域脑沟变得更加复杂。

可能与捕猎方法有一定的功能关系，帮助对声音的级别和来源进行更精细的辨别（图4.5）。

由于软骨不能形成化石，所以我们没有关于灭绝猫类外耳形态的直接记录，但保存在化石头骨内部的中耳和内耳结构以及外耳道开口的位置表明，它们的听觉能力应该与现生猫类差别不大。

嗅觉

与大多数食肉动物一样，猫科动物具有分泌气味的腺体，气味是传递社会信号并用来辨别的重要因素。领地标记——雄性通过喷洒含有肛门腺分泌物的尿液或者通过摩擦物体以便留下头部腺体分泌物的气味，是所有猫科动物都具有的行为特征，意味着它们具有非常好的辨别气味的能力（图4.6）。然而，与食肉目的其他成员如犬科动物相比，猫科动物的鼻区大多较短。伦纳德·拉丁斯基（Leonard Radinsky）曾提到，相对于身体大小，现生猫科动物大脑中的嗅觉区域要小于犬科动物和灵猫科动物。

与嗅觉有关的一个特殊行为似乎对猫科动物来说尤为重要，那就是标志性的鬼脸。这个做鬼脸的动作被称为"裂唇嗅行为"（flehmen），即皱起鼻子并向上拉起嘴唇。这通常是雄性在求偶期间的动作，用来检测尿液中的化学信号以衡量发情期雌性对异性的接受度。犁鼻器（Jacobson's organ）是位于口腔内上腭前部的

图4.5 外耳的位置和耳部构造

在第一幅图中，我们可以看到豹头部的外耳结构以及控制其运动的主要肌肉。我们描绘了没有毛发的耳区软骨（或耳廓），以显示耳囊和耳屏间切迹（外耳开口的最下方）。可以看到，控制耳廓的肌肉来自四面八方，从而允许耳廓大范围地运动。在第二幅图中，我们展示了被毛发覆盖、完全向后翻转的外耳。

第三和第四幅图是两种现生猫类的头部正视图，左边的是薮猫，右边的是豹猫，用来展示外耳位置可能的变化范围。这两种动物大小相当，它们的头骨后部也没有明显差异，但是薮猫的左右侧耳朵在头顶上几乎相互接触，而豹猫的耳朵则更偏向两侧。事实上，两者的主要区别在于耳廓的大小，相对于颅骨外耳道，耳屏间切迹的位置几乎是固定不变的。

一对囊状结构，由类似嗅上皮细胞的受体细胞包裹形成，并通过一条导管连接到口腔。犁鼻器与上述做鬼脸的行为有关，这样的面部表情可以让气味更直接地与嗅觉器官接触。

触觉

猫科动物的眼睛和耳朵在大多数情况中都能发挥作用，再配上良好的嗅觉，触觉就显得较为次要。但与许多食肉动物一样，猫科动物有着发达的胡须或准确地说触须（vibrissae），触须的大小显示了它们具有一定的重要性。触须似乎是哺乳动物所普遍具有的结构，例如，将老鼠放置于迷宫中，若将它们的触须剪掉，即使在光线充足的情况下，它们也会明显迷失方向。我们之前提到过，触须实际上是特化的毛发，尽管它们也可能存在于身体的其他部位，但最常被认为是属于头部的特征。在猫科动物中，触须着生于眼睛的上方和头部的两侧，但对许多观察者来说，上唇的触须即我们所说的"大胡须"（mystacial）是最显眼的。

观察一下家猫，我们就可以清楚地认识到胡须对触觉非常敏感。它们的每一根胡须都非常粗硬，根部位于布满感觉神经的触须垫（vibrissal pad）上。保罗·莱豪森（Paul Leyhausen）在他对家猫行为的经典研究中提到，即使家猫的眼睛被蒙住了，只要胡须接触到老鼠，它们就能抓住老鼠并精准地实施咬杀。若没有胡须，被蒙住眼睛的家猫就会无法控制自己的咬杀方向，尽管它们在不盲时仍能正常地咬杀。在这项研究中，莱豪森还提供了家猫正在攻击鸟类以及抓住老鼠的照片，在这两种情况中，胡须均被用来感知猎物的精确位置（在抓住老鼠的图片中，胡须几乎包围了猎物）。显然，至少对家猫来说，胡须是它们感觉器官的重要补充。但是，胡须对狮、豹或虎来说，又有多少意义呢？我们可能很难想象在它们捕猎水牛、瞪羚或鹿时，胡须会提供很大帮助，对于这一点莱豪森并未给出非常清楚的结论。然而，大型猫科动物胡须的大小以及神经的分布度表明，它们同样可以传递非常多的感觉信息（图4.7）。对于大型猫科动物来说，在杀戮的最后阶段实施精准咬杀是尤为重要的（这部分会在本章的后面和第5章中详细讨

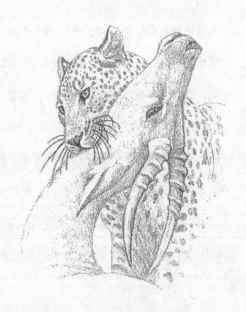

论），特别是在夜间。

胡须是猫科动物面部的一大特征，因此是外貌复原的重要组成部分，但遗憾的是，胡须不能形成化石。不过，我们仍发现了一些相关线索。首先，在食肉目、现生猫科动物中，胡须广泛存在，表明这可能是它们与灭绝的食肉目或猫科成员所共有的一种原始状态。其次，如果胡须有助于现生猫科动物精准地咬杀猎物，那么我们至少可以合乎逻辑地推断已经绝灭的剑齿虎类也对猎物相对其牙齿的位置有着良好的感知，从而避免在咬杀过程中受到伤害。如前所述，家猫在被蒙住眼睛时，能够正确地调整自己的攻击方向从而咬住老鼠的颈部，在此过程中，胡须发挥着相当重要的作用。再者，还有一个更加直接的证据，即给家猫传递胡须所探得的信息的感觉神经几乎都会穿过眶下孔（infraorbital foramen）。因此，我们可以推断，眶下孔特化发育（孔径较大）的猫科动物可能有发达的神经束穿过眶下孔并直达胡须的根部。这样硕大的眶下孔同样见于一些已知的头骨化石中，特别是一些剑齿虎类群如刃齿虎和巨颏虎的头骨。因此，我们在对化石和现生猫类进行复原时，画上了同样发达的胡须。

骨骼和身体比例

　　除去体形大小上的差异，所有猫科动物的骨架大体上是相似的，我们之前也说过，狮子在很多方面基本上是家猫的放大版。如果你有一具标记好的家猫骨架，你可以很容易地用它来进行比对，从一堆狮子或豹的骨骼中分门别类地找出相同部位的骨骼，尽管你可能会注意到这些动物的肢骨比例存在一些差异。这些差异反映了它们在生活方式和运动能力上的差异，是在复原化石猫类的生活行为时需要考虑的重要因素。

　　与大小相似的一些其他动物相比，大多数猫科动物（无论是现生的还是灭绝的）都有着相对细长的长骨（通常指四肢的主要骨骼）和增长的足部骨骼。猫科动物被称为奔走型（cursorial，善于奔跑的）食肉动物，类似犬和鬣狗（图4.8），与熊这样的漫步型（ambulatory，惯于步行的）动物相反，如图4.9所示。这种区别与动物的步态有关，当然猫科动物有时也会缓慢行走，而熊也肯定可以奔跑（许多人在命丧熊口时都惊讶于熊能跑得如此之快）。尽管"善于奔跑"一词涵盖了许多不同级别的运动能力，但也可以作为一个大致的区分标准。大多数猫科动物都可以在短距离内达到极快的奔跑速度，它们从站立姿势开始启动，然后迅速加速奔跑，这一特点通常也反映在骨骼比例上。猎豹能在几百米内保持最极致的高速追逐能力。猫科动物的足部骨骼被韧带紧密地连接在一起，因此当它们在高速奔跑时，足部骨骼能够承受触地时产生的冲击力。

猫科动物的尾巴往往很长，对于猎豹来说，尾巴是它们在追逐过程中进行高速转弯时保持平衡的重要工具（图4.10）。猎豹的高速奔跑进一步得益于它们身体结构的灵活性，相比其他猫类，猎豹的身体结构更像是竞速型猎犬。流线型的身躯和长肢使它们可以通过弯曲背部来增加步幅，从而实现最快的奔跑速度——大约每小时90千米（精确数字还存有争议，这可能是最小估计值），并且单次跳跃可以跨过10米左右的距离。在这个速度下，猎豹的动作不太像典型的奔跑，而是在通过弯曲和伸展身体进行长距离而又快速往复的弹跳（参见本章末尾处对猎豹奔跑姿势序列的重建）。

不同猫类在身形上的差别也反映在它们的骨架上。能够快速奔跑的猎豹的四肢，特别是前臂和小腿，比豹或美洲豹的纤长得多，也没有老虎或狮子的那么粗

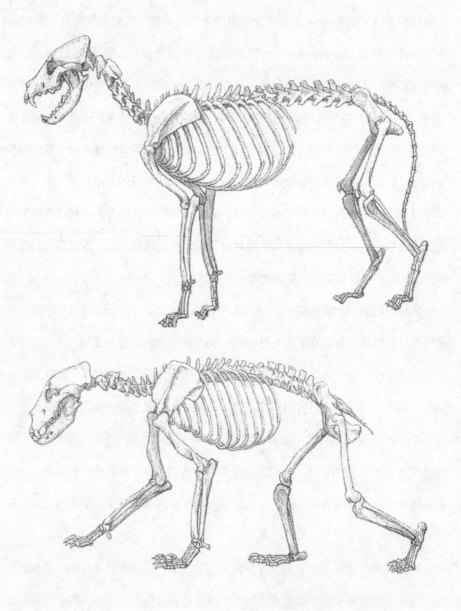

这些骨架展示了猫科动物与另一些善于奔跑的捕食者——灰狼与棕熊在体形大小和比例上的差异。灰狼的骨架与同等大小的猫科动物的骨架非常相似，但背部更短，由于拥有更长的齿列，它的头部也相应更长。灰狼的肩胛骨往往较长，从而增加了步幅（猎豹的肩胛骨同样显示了这一特征），长骨也更加细长。尽管更详细的研究表明，猫类的爪子有更大的活动范围，但和猫科动物一样，灰狼也是完全趾行的。

与上述两种动物相反，棕熊的骨架强壮而结实，尤其是在肩胛骨和肱骨上有非常大的肌肉附着区。它的头骨和下颌骨都很粗壮，颊齿较宽，能处理各种类型的食物。背部很短，以蹠行方式行走，尽管其前脚不能完全平放在地面上。

图4.10 猎豹运用尾巴的示意图

这头猎豹正以最高速度转弯，利用尾巴的运动来平衡身体重心。当家猫在狭窄的物体（如墙壁）上跳跃或行走时，可以看到尾巴的类似用处。

壮。对猎豹而言，正常的桡骨与肱骨长度比例约为1.0，而对美洲豹或豹而言，对应的数值约为0.9，这反映出猎豹有着相对其身体而言更长的前臂（图4.11）。

所有的猫科动物均以趾行方式（digitigrade）来增加四肢的有效长度，即以脚趾站立，那些对应着我们手掌和脚掌部分的足部骨骼大大增长了。善于奔跑的犬科和鬣狗科动物同样具有这个特征，它们与缓慢行走的熊类，当然还有我们人类，形成了鲜明对比。后者以蹠行方式（plantigrade）行走，每行进一步，整个

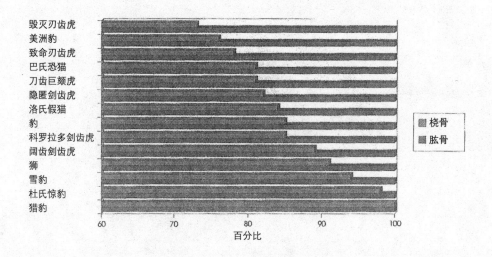

图4.11 不同猫科物种的前肢骨骼比例图

这幅图展示了一系列现生和灭绝猫科动物的肱骨与桡骨的相对比例。每个物种的肱骨都按比例缩放到相同的长度，桡骨长度由它与肱骨长度的百分比代替。注意在现生猎豹中，两块骨骼的长度是一样的。图中数据是根据每一种猫科动物的典型标本所得，但可以预料到各个种内会存在一些个体差异。

足部（对熊类而言，特别是后足）均放置于地面上。因此毫不意外，熊类与我们人类一样，前后足的掌跖部骨骼都比较短。图4.12展示了一些步态上的明显差异。

在观察化石猫类时，我们可以看到它们与现生猫类之间的许多不同之处。尽管我们对原猫大部分身体结构都缺乏直接的认识，但从后来出现的假猫保留了原始食肉动物所具有的长而灵活的背部这一点来看，原猫与它们不会有太大差异。因此，由于身体较小且与灵猫的身体比例相似，最早的猫科动物很可能是技艺高超的攀爬者，类似现在树栖的灵猫科动物，如獛、椰子狸和马达加斯加的隐肛狸（图4.13）。较长的后肢可以为动物提供有效的推进力，而较短的桡骨和掌骨则为动物提供抓握力。蹠行性动物的足部与树干有很大的接触面，在树上活动比趾行性动物更安全，而且踝、腕关节大幅度的运动范围使它们可以调整足部的位置以适应不规则的接触面。

所有早期的食肉动物都适应于树栖生活（大部分时间在树上活动）。猫科动物在演化过程中都在不同程度上脱离了这种原始状态，发展出了更有效的陆地运动形式。因此我们可以看到，假猫的掌跖骨延长了，与原猫相比，它踝关节的侧向旋转幅度更小。这一转变是非常重要的，随着踝关节侧向旋转能力的减弱，该关节在垂直方向的活动将变得更有效率，更适合在地面上运动。

"常规"猫科动物身体的总体构造与假猫相似，但随着体形的增长以及对地面运动的适应，各物种之间也出现了一系列的差异。大型猫科动物需要结实的背部来支撑脏器的重量，那么它们的背部就必须相对较短。因此，大多数比猞猁更

跟骨

跖（蹠）骨

跟骨

跖（蹠）骨

图4.12　蹠行式和趾行式

这幅图展示了蹠行的食肉动物浣熊（上）和趾行的食肉动物家猫（下）的行走姿态。两种动物的后肢骨骼都被突出展示，以显示行走姿态的不同。在行走时，浣熊会将跖骨平放在地上，这是一种与我们人类类似的蹠行行走姿态，但是与人类不同的是，浣熊的跟骨或脚后跟总是与地面保持一定的角度。相反，家猫只是把"脚趾"放在地上，而掌跖骨抬起，跟骨完全悬空，纤维质脚垫可以缓冲趾骨和籽骨（一种小骨头，负责将肌腱穿过掌跖骨和趾节骨之间的关节）在碰触地面时所受到的冲击。

图4.13　原猫以类似马达加斯加隐肛狸的姿势站立于树干上

注意将后足平放在树干上所获得的稳定性。

大的猫科动物，尤其是豹属的成员，它们的背部均短于假猫。在大型猫科动物中，一些灭绝的猎豹类群似乎有着最长的背部，相对于身体大小而言，它们的背长与假猫的相当。

　　小型猫科动物则有着较长的背部，但与假猫不同的是，它们通常有着更长的桡骨和掌骨，这都是适应陆地运动的特征。甚至在或多或少有着树栖习性的虎猫身上，我们也能看到这种趋势。相反，一些生活在茂密森林中的大型猫科动物，如云豹和美洲豹，都有着非常短的桡骨和掌骨。初看之下，你可能会认为它们保留了祖先类群的原始状态，但实际上它们更可能是四肢较长的类群二次演化的结果。特别是在美洲豹中，化石记录似乎佐证了后一种解释，因为与现生类型相比，更新世的美洲豹有着更长的掌骨和跖骨。与其他大型猫科动物相比，力量对于现生的美洲豹和云豹来说可能更加重要，速度则相对次要。另一方面，猎豹的身体结构是为了适应短距离的高速奔跑，它们的身体比例可以从美洲狮形态演化而来，仅需做少许的改变。这其中最重要的一个改变在于末端肢骨增长（主要是桡骨和掌骨增长）。例如，在许多猫科类群中，肱骨的长度大约是第3至8节胸椎平均长度的10倍，但在猎豹中，肱骨长度是上述胸椎长度的13倍多。猎豹保留较长的背部也是为了高速奔跑。其他奔跑捕猎的食肉动物如狼和鬣狗，通常以相对较慢的平均速度实现长距离追逐，它们有着相对短而僵直的背部，在长距离奔跑中消耗的能量相对较少。

尽管最早期的剑齿虎亚科成员有着更常规的猫类特征，但多数剑齿虎类的身形与现生猫类大相径庭。四齿假猫（*Pseudaelurus quadridentatis*）——剑齿虎类的可能祖先，有着与现生猫类非常相似的身体结构以及一系列原始特征，如长背、短的掌跖骨以及长于前肢的后肢。到了中新世后期，我们发现像副剑齿虎这样的小型物种在身体的基本构型上几乎没有发生改变，与之共同生活的还有像隐匿剑齿虎这样的大型物种，后者大小与狮子相当并有着增长的掌跖骨（图4.14），因而可能更适应地面的生活。

到了约300万年前的上新世晚期，小型和大型剑齿虎类共生的模式似乎已经

图4.14 等比例缩放的副剑齿虎（左）和剑齿虎（右）

注意剑齿虎明显更大。

很好地确立了下来，大小如狮子、四肢细长的锯齿虎与体形较小且形似美洲豹的巨颏虎的共存见于世界上的许多区域（图4.15）。这些后期出现的类群与中新世的物种有很大差异。它们有着短得多的腰椎区域、增长的颈部和缩短的尾部，其中巨颏虎的四肢变得非常强壮，有着长度大体相当的前后肢，而锯齿虎有着很长的后肢和比后肢更长的前肢。

　　这些后期出现的剑齿虎类的身体比例问题在这里需要进一步解释说明。我们将在下一节中看到，拉长的上犬齿会引起一系列特殊问题：这些动物在处理猎物尸体时必须非常小心，一旦牢牢抓住猎物，长而有力的颈部将使猎手更容易够到

图4.15 等比例缩放的巨颏虎（左）和锯齿虎（右）

与图4.14中所描绘的一对中新世物种相比，这两种动物的体形差异要小得多。

猎物的关键部位，在其他具剑齿的类群，如袋剑虎、古剑虎和刃齿虎中，也可以看到类似的现象。相比而言，缩短的腰椎初看之下似乎没给动物带来任何优势，它不仅降低了动物的灵活性及最高奔跑速度，同时也使动物更难从站立姿态开始加速。但是，背部在缩短后毫无疑问会变得更加强壮，我们从巨颏虎骨架上获得的总体印象是，它是一种有着巨大力量的捕食者，任何猎物一旦被捕获，几乎没有逃脱的希望。

锯齿虎增长的颈部和缩短的腰部，加上增长的前肢、高耸的肩胛骨，使得它们与鬣狗在形态上有一定的相似性（图4.16）。因为意识到锯齿虎的跟骨（calcaneum，伸展后足的跟腱附着在这块踝部骨骼上，形成我们所说的脚后跟）也

图4.16　等比例缩放的锯齿虎（左）和斑鬣狗（右）

斑鬣狗典型的后倾式背部形态同样在猫科动物中演化出现。

较短，在复原时更加强调了它明显别扭的姿态。变短的跟骨可能会降低锯齿虎的

跳跃能力，使它在这一点上无法与现生猫科动物相媲美。锯齿虎变短的跟骨加上

后肢的其他特征，曾一度让人们认为，这种动物会以脚后跟着地的蹠行姿势行走，

这势必会使它呈现出非常古怪的样子。即便没有蹠行这么夸张，它的步态也会是

很奇怪的。

　　有意思的是，在南美东部更新世晚期的毁灭刃齿虎中也发现了类似现象。与

南部和西部的毁灭刃齿虎相比，东部的种群有着更长的肱骨和股骨，分别与更短

的掌骨和跖骨相连，并有着相对更长的前肢（图4.17）。一些学者认为，这种身

图4.17　等比例缩放的致命刃齿虎（上）和毁灭刃齿虎（下）

可以看出，更大型的南美物种（下）的背部明显更倾斜，更像鬣狗。

体比例同样见于一些大型的非洲羚羊（如角马），这有助于维持慢跑状态。斑鬣狗也是如此，它们的步态虽然看起来很奇怪，但能够支持长距离的追逐。如果这种解释是正确的，锯齿虎和刃齿虎可能都是进行长距离追逐的捕猎者，至少在生命中的一段时间是如此。相反，在美国古生物学家维奥拉·罗恩－沙琴格（Viola Rawn-Schatzinger）看来，美国得克萨斯州弗里森哈恩洞穴的锯齿虎所具有的这一系列奇怪的肢骨特征以及它们不太能伸缩的爪，都代表它们拥有快速冲刺的能力。在第5章中会提到一些灭绝猫类的捕猎行为，在那时我们将更充分地讨论其中一些有争议的观点。

与许多其他食肉动物不同，猫科动物的面部较短，尽管在这点上不同物种之间也存在相当大的差异。体形大小相近的豹和美洲豹的头骨很容易分辨，因为美洲豹的头骨更宽，眼眶位置更靠前。猎豹的头骨甚至更短、更圆隆，有着增大的鼻孔，帮助猎豹在追逐时或追逐后快速吸入大量空气。在比较不同体形大小的物种的头骨特征时，也可以观察到那些与体形大小相关的差异。例如，由于眼这个器官有一个大致固定的最优尺寸，因此体形较小的物种总有相对较大的眼眶，而体形较大的物种有着相对较小的眼眶。与此同时，由于大脑的增长并不与体形大小的增长同步，因而在物种体形增大时颅腔就显得相对较小。然而，头骨上还附着有控制下颌的肌肉，如果颅腔相对较小，头骨上供颌部肌肉附着的骨嵴就需要特别发达。因此，受纯力学因素的影响，头骨的形态也会随着大小的变化而改变（图4.18）。

解剖结构与行为

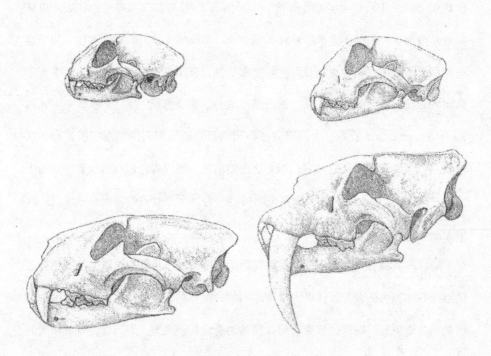

图4.18 一些现生和灭绝猫类的头骨形状比较

在小型猫科动物如薮猫（左上）中，眼眶和脑颅相对较大，吻部较短，矢状嵴很弱或缺失。

猎豹（右上）虽然是一类大型猫科动物，但其头部相对较小，吻部较短，矢状嵴微弱，尽管前额因鼻额窦增大而有些膨大。

在豹最大的个体中（左下），矢状嵴非常发达，以至于背嵴看起来几乎是直的。巨大的上犬齿齿根增加了吻部的大小。

在进步的剑齿虎类如刃齿虎（右下）中，与巨大的身体有关的特征同那些与它们独特的咬杀方式相关的特征结合了起来。进一步说明见图4.26。

实际上，猫亚科和剑齿虎亚科动物在头骨形态上的差异是最显著的。其中的许多差异在功能上都与增长的上犬齿有关，并且剑齿虎亚科、猎猫科和有袋食肉动物中具剑齿的类群在头骨形态上存在趋同演化。因此，在讨论这些差异之前，分析猫科动物的牙齿形态会很有助益。

牙齿

目前已经有大量关于猫科动物牙齿的科学文献，其中很大一部分来自对剑齿虎类动物高度特化的牙齿的探索。

猫科动物是食肉目的成员，它们的牙齿表现出许多食肉目动物普遍具有的特征，如图4.19所示。但与其他动物（如犬类）相比，所有的猫科动物均具有一套退化的齿式，也就是说，它们的牙齿数目更少。功能上的特化导致了齿式的退化，犬类的牙齿能够撕裂肉质和其他相对较软的组织，同时保留有碎骨能力，但是猫科动物的牙齿只能撕割肉质。我们观察家猫就可以注意到这一点。家猫在处理食物时和家犬有很大差异：家猫会先将食物从碗里拿出来，然后放在嘴的一侧来嚼，而家犬则更倾向于把嘴伸进碗里，然后吞下食物。由于它们的进食方式不同，你不能像喂狗一样将食物捧在手里来喂猫，猫通常会在进食前将食物扔到地板上。

如果食物比较坚硬、粗糙或者呈很大一块，家犬自然会在进食上花更多的时

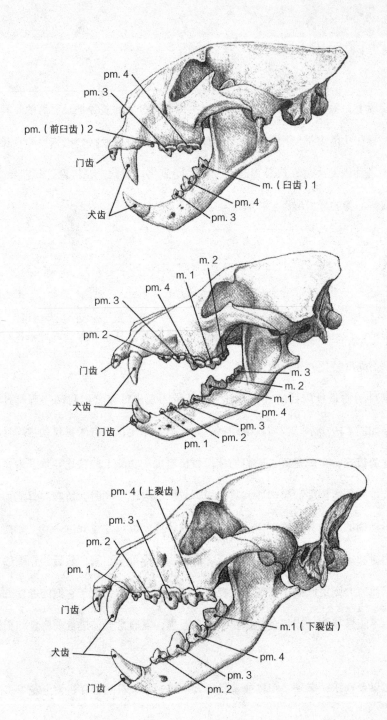

pm. 4
pm. 3
pm.（前臼齿）2
门齿
犬齿
m.（臼齿）1
pm. 4
pm. 3

m. 2
m. 1
pm. 4
pm. 3
pm. 2
门齿
犬齿
门齿
m. 3
m. 2
m. 1
pm. 4
pm. 3
pm. 2
pm. 1

pm. 4（上裂齿）
pm. 3
pm. 2
pm. 1
门齿
犬齿
门齿
m.1（下裂齿）
pm. 4
pm. 3
pm. 2

间。它们会咬碎骨头并吃掉其中的一部分，这取决于环境和它们的饥饿程度。生活在加拿大北极地区的狼在食物短缺时可能会转而取食被遗弃了很久的尸体。鬣狗，尤其是大型斑鬣狗，更擅长啃食骨头。除去特别大块的物件，它们的牙齿几乎可以咬碎所有可吃的东西，它们的消化系统可以从骨头中提取全部的有机成

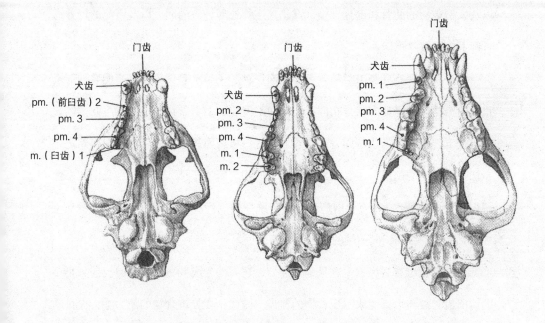

图4.19　猫科、犬科和鬣狗科动物的头骨、下颌及牙齿特征对比

图中展示的动物依次为豹（对页上图，本页左图）、灰狼（对页中图，本页中图）和斑鬣狗（对页下图，本页右图）。注意灰狼的头骨相对较长，它的牙齿数目比豹和斑鬣狗的多。它通过更多地保留哺乳动物的基本齿式（有更多的臼齿和完整的四枚前臼齿）来实现头骨的增长。鬣狗科动物有着非常大的碎骨型前臼齿，而犬科动物的臼齿起着重要的碎骨功能。相比之下，猫科动物的颊齿几乎完全用于切割肉质。

分。相反，猫科动物一般对碾碎骨头或提取骨髓腔中的营养物质不感兴趣，即使一些大型猫类已经强壮到足以对骨头造成相当大的破坏。（被圈养的狮子和老虎几乎可以咬碎牛大骨的大部分末端，但这可能在很大程度上是出于无聊，并不是真正想要吃骨头。）然而确实有人观察到，野生猎豹会吃掉不少小型猎物的骨骼以及大型猎物的肋骨和部分脊椎，因此，这种处理骨头的能力以及可能的营养需求都不应该被忽视。

如果我们观察典型猫类的颊齿，无论是狮子还是家养虎斑猫，所能看到的最重要的结构就是呈剪刀状排布的、用以切割肉质的上下裂齿。连接上下颌的颌关节与上下裂齿相交处位于同一水平线上，这一布局使得这种剪刀状排布得到进一步加强。其他的前臼齿尽管也发挥作用，但相对来说不那么重要。当我们观察像阔齿锯齿虎这种约100万年前广泛分布于欧洲的剑齿虎类的颊齿时，可以看到更加特化的切割特征，其前端的颊齿大大缩小了。

犬科动物也有裂齿，但这只是一部分，它们的牙齿装备还包括裂齿前方更多的前臼齿和裂齿后方用来碾压食物的臼齿。因此，在处理食物的能力上，犬科动物是多面手。鬣狗科动物牙齿的特化趋势几乎与猫科动物完全相反，它们发育出巨大的圆锥状碎骨型牙齿。现今生活在非洲的斑鬣狗能够吃掉一整具斑马尸体，包括骨头和所有其他物质，但即便如此，它们仍保留了切割肉质和其他软组织的裂齿。

猫科动物基本上是肉食动物，它们主要吃尸体的肉质和软组织部分。除裂齿外，猫科动物口腔中另一个显眼的特征是不同大小的犬齿。家猫的犬齿很小，但像针一样锋利，狮或虎的犬齿则呈巨大的圆锥状，尤其是上犬齿。在大型雄性个体中，未磨损的上犬齿齿冠（位于牙床上方的部分）可达8厘米长。这样大的犬齿不只是用来展示，在猎物被锋利的爪子牢牢抓住后，更被充分地用于制服并杀死猎物。此外，犬齿也可能用于同类之间的打斗。在一些年老的个体中，常发现一颗或多颗犬齿有破损，或者有破损后再磨损形成的光滑的、不同长度的牙桩。许多这样的破损无疑是在捕猎过程中发生的，有时是由拼命挣扎以期逃脱的猎物造成的，我们能观察到，在斑马、大羚羊甚或长颈鹿踢到大猫的脸部时，也会造成这样的伤害（图4.20）。门齿位于颌骨的两侧犬齿之间，与犬齿一起帮助动物从猎物尸体上撕扯下肉质，在取食时，如果犬齿磕碰到猎物的骨头，也可能导致进一步的磨损。

剑齿虎类的上犬齿和裂齿都极为发达（但不同的支系之间仍然有重要的差别）。然而，我们应该谨记，剑齿并不是剑齿虎亚科动物所独有的，正如我们已经看到的，在哺乳动物中，至少有其他三类肉食动物发展出了发达的上犬齿。甚至，在我们所属的灵长目动物中，雄性狒狒的上犬齿看起来也是非常可怕的，被广泛用于展示和炫耀。

剑齿虎类的上犬齿通常会从颌骨处长长地延伸出来，像刀刃一样扁平，因此文献中常将它们描述成"军刀"或"匕首"状（但下犬齿很少这样，除了一些已灭绝的副剑齿虎成员和现生云豹，如图4.21所示）。上犬齿通常向下延伸并超出

图4.20　拟猎虎在追逐过程中不幸被马的后蹄踢中

根据在美国堪萨斯发现的一头非常不幸的拟猎虎的头骨和下颌标本上的伤口类型所绘。在生命中的某个时刻，这头拟猎虎不幸折断了一颗上犬齿，但牙齿残段上的严重磨损痕迹表明，它挺过了这一劫。在这之后，它又存活了很长时间，最后却因为下颌骨的骨折而难逃厄运。骨折没有愈合的迹象，表明这头拟猎虎很可能在受伤不久之后就死亡了。造成这种伤害的一个非常可能的原因是马（如图所示）或其他大型有蹄动物的踢踹，这通常是那些即将被捕的动物的垂死反抗。在今天，当非洲狮捕猎斑马或不明智地选择对付水牛时，就会发生这样的事故。如果伤势严重，这些猫科捕食者往往会由于无法捕食而饿死。

图4.21（对页图）　奥杰吉厄副剑齿虎（上）与现生云豹（下）的裂唇嗅姿态对比

图中动物的裂唇嗅姿态使牙齿显露了出来，可以看到奥杰吉厄副剑齿虎的下犬齿相当长，即使在那些上犬齿极度拉长的类群中，这也是一个不寻常的特征。在这一点上，它与现生云豹相似。这种相似性使早期的研究人员误认为这两个属是密切相关的。但是，这种化石猫类的上犬齿更加侧扁，在其他头骨特征上也显示出更多与剑齿虎类相关的特性。

下颌（或者下颌骨）底缘，且在某些类群中，与下颌骨前端的颏叶相嵌合。上下裂齿则变得越来越窄长，就像细长的剪刀。在不同类群中，犬齿和裂齿之间的牙齿要么缺失，要么退化变小，要么发展出刀刃状的特征，很多物种都在一定程度上经历了上述三个演化历程。

因此，剑齿虎类的颊齿表现出向着切割功能发展的特化，与保留有限碎骨能力的现生猫类愈加不同。如果要避免损伤，必须小心使用这些牙齿，特别是纤长的上犬齿。因此多年以来，众多古生物学家一直认为剑齿虎类制服并杀死猎物的方法肯定与现生猫类不同，并提出了许多不同见解来解读这些极度增长的上犬齿的使用方式。这些见解都有一些合理性，但很显然，剑齿虎类不会像许多复原图所描绘的那样简简单单地跃到猎物身上，将之扑倒，然后将上犬齿深深刺进猎物的颈部，因为挣扎中的猎物只要稍一移动，上犬齿就有断掉的风险。

奇怪的是，在探讨各种形式的犬齿"刺杀说"时，任何力学分析都将下颌排除在外，仅仅将上犬齿的使用与人类挥舞钢刀进行极端类比（图4.22）。除了牙齿明显有受损的风险外，我们认为"刺杀说"还存在三个主要问题：第一，剑齿虎类的犬齿比钢刀要钝得多；第二，在我们看来，要在捕猎过程中将上犬齿深深地刺进猎物的皮肉来杀死猎物，似乎需要非常大的力量，即使头部的动量和穿刺运动能够产生足够的力，在刺入过程中，与骨骼撞击或简单的扭折造成牙齿破损的风险也是显著的；第三，无论怎样选择攻击角度，下颌都将是一种影响上犬齿有效穿刺的障碍，这是难以忽视的。

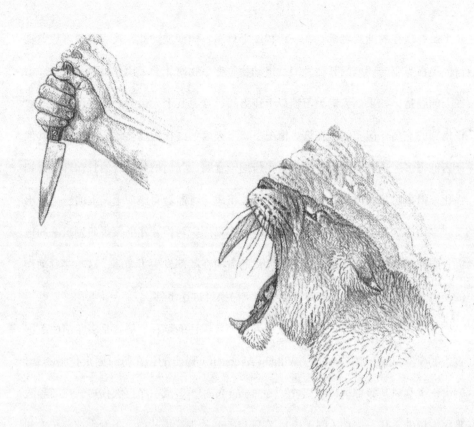

图4.22 剑齿虎类与人手持钢刀的相似性设想

按照"刺杀说"的解释，剑形犬齿的运用方式好比人手持钢刀。但是钢刀与剑齿虎类动物的犬齿是极为不同的，后者太钝、太脆弱，不可能像钢刀那样运作。

除了用来刺杀猎物的说法，也有人认为剑齿虎类的上犬齿主要用来以某种方式割开猎物的身体，以便在猎物死亡后更容易获取肉质。这一解释面临的首要问题是，它需要预设剑齿虎类主要是食腐的，因为它没有考虑到捕杀猎物的方式。

几乎所有现存的捕食者都会在一定程度上食腐，但即便如此，我们也很难想象剑齿虎类在需要与同域的其他大型食肉动物争夺猎物时，会采用这种取食策略。第二个问题是，如果剑齿虎类习惯以上述方式进食，其上犬齿的磨损程度会比一般观察到的更高。但实际上在许多情况下，上犬齿的磨损程度要比同一个体的其他牙齿低得多。还有人指出，如果上犬齿用于食腐，其齿槽开口处的骨骼理应得到强化，但事实却并非如此。作为一种活性组织，骨骼会对施加于其上的压力做出反应，通常是在需要受力的地方增厚——如果用于切肉，在上犬齿萌发出来的地方骨组织就会增厚。恰恰相反，上犬齿的齿槽在基部发生了增厚，这与穿刺动作的受力多少是相符的，尽管对于强烈的刺戳来说这还不够。

关于犬齿的猎杀方式，似乎还剩下一个常规性的解释，那就是多年前由美国古生物学家威廉·阿克斯滕（William Akersten）提出的：在暂时固定住猎物后，剑齿虎类会对其腹部进行"切咬"（shearing bite），造成一个巨大伤口，从而导致猎物大量失血甚至休克（图4.23）。在阿克斯滕的理论模式中，下颌骨前部扩大的颏叶被看作锚点，头部的屈肌可以推动上犬齿刺穿猎物的皮肉而不仅是捅戳。特别是对于刃齿虎而言，他指出该类动物甚至有可能对大型猎物（如猛犸象）的幼崽采取集群狩猎，群体可能会在初次进攻后的一段时间内撤退，等待猎物死亡后再返回进食。莱豪森（Leyhausen）描述了家猫是如何留下刚死去的猎物，过一段时间再回来进食的，也许我们可以将这样的行为扩展到剑齿虎类的猎杀技巧上。但是，一旦捕获猎物，大型食肉动物似乎不太愿意与猎物失去联系，只有在受到

图4.23 威廉·阿克斯滕的"切咬说"示意图

图中展示了一头长着弯刀形犬齿的锯齿虎正在对它的猎物进行切咬。在第一幅图中，上犬齿正要刺穿猎物的皮肉。在第二幅图中，下颌骨在头部下屈时提供支撑，上犬齿更深地穿透猎物的皮肉，同时下犬齿和下门齿进一步加重伤势。在第三幅图中，当锯齿虎的上下颌闭合时，会向后拉扯猎物褶皱的皮肉，甚至可能会撕下来一整块皮肉，造成猎物大量失血。

解剖结构与行为

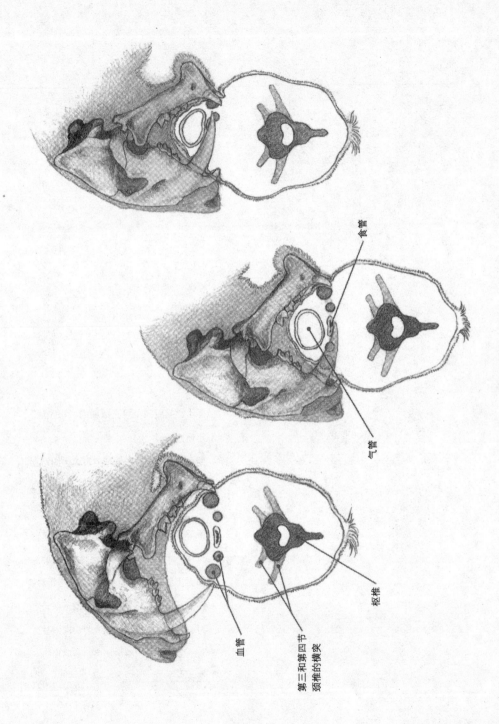

食管

气管

血管

第三和第四节
颈椎的横突

枢椎

直接攻击时，它们才会撤退，而且我们认为刃齿虎族群也不太可能会冒猎物被附近其他捕食者抢走的风险。

然而，我们确实发现阿克斯滕的理论相当合理，因为它对剑齿虎类通常的很多形态特征进行了解释，同时避免了其他理论中存在的争议，后者总是从类比的角度围绕更具攻击性的刺杀行为模式展开讨论。另外，我们认为，切咬行为还可以应用到猎物的咽喉部，但仅限于猎物已经被扑倒并被牢牢固定住，而不是在它还站着的时候（彩图9）。在这一点上，我们在剑齿虎类身上看到的强大力量——特别是巨颏虎有力的前肢——是非常重要的。如图4.24所示，一旦猎物被固定住，上犬齿就能够深深地刺入猎物的咽喉部，迅速地对气管和大血管造成严重损伤。

不管采用哪种猎杀方式，拥有巨大上犬齿的剑齿虎类在从猎物尸体获取食物的方式上都会与现生猫科动物大不相同，因为它们的上犬齿实在太长了，在需要从猎物骨骼扯下皮肉时，无法和门齿一起使用。此外，在图4.25中，我们还展示了一个差别。在现生猫科动物如狮、虎和豹中，上下颌的六颗门齿在左右犬齿间

图4.24（对页图） 刀齿巨颏虎咬穿马的咽喉示意图

剑齿虎类在咬杀大型有蹄动物的咽喉部时，上犬齿能否不受损害？图中展示了典型的马颈部的截面，而巨颏虎头骨正咬住它的咽喉部。注意马朝着颈部背端排布的脊椎以及靠近咽喉表面的气管和主要血管。巨颏虎利用强壮的前肢将猎物牢牢抓住后，即使较浅地撕咬颈部也会造成猎物大规模失血并引发休克，并且轻松地切断猎物的空气供给。这种捕杀技巧可以避免激烈的缠斗和不精准的刺杀，而关于剑齿虎类捕猎技巧的一些旧观点通常蕴含了这些行为。

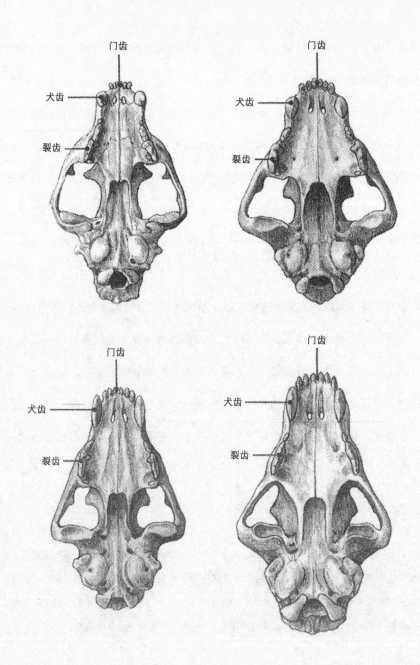

門齿

犬齿

裂齿

門齿

犬齿

裂齿

門齿

犬齿

裂齿

門齿

犬齿

裂齿

组成了一排基本平直的齿列。上门齿列位于左右上犬齿连线的前方，因为当嘴闭合时，上犬齿会处于下犬齿的后外侧，在上门齿和上犬齿之间有一个齿隙，用来容纳下犬齿。最中间的一对门齿是最小的，外侧的两对稍大，最靠近犬齿的门齿是最大的。不过，即使是对一头大型狮子而言，门齿也是相当小的牙齿。相比之

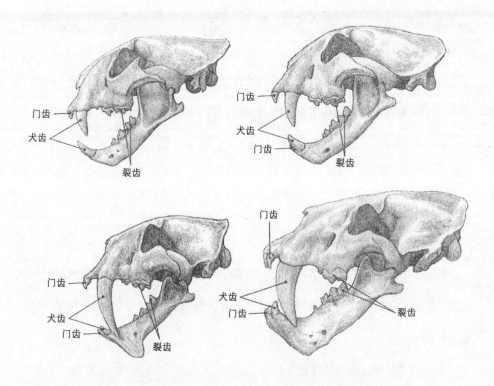

图4.25（对页和本页） 豹（左上）、恐猫（右上）、巨颏虎（左下）及锯齿虎（右下）的头骨侧视和腭面腹视图，展示了门齿和犬齿排布状况

注意，与豹相比，三个化石类群有巨大的门齿以及弧形弯曲、前置的门齿列。

解剖结构与行为   163

下，许多剑齿虎类的门齿通常都较大，尤其是上门齿，它们以弧形排布于上犬齿的前方。这种形态在锯齿虎身上尤为突出，从侧面看，其上犬齿几乎从整个齿列的中部向下延伸，在刃齿虎身上程度仅稍弱一些。巨颏虎的上门齿列也明显呈弧形向前突出，甚至是在上犬齿短而扁平的恐猫中，上门齿也较大。换句话说，剑齿虎类的门齿在发育和排布上解决了由上犬齿增长所带来的问题，使它们能够靠近猎物并获取骨骼上的肉质。

因此如图4.19所示，剑齿虎类的门齿排布在许多方面都更像狼或鬣狗。这种排布使它们能够咬住猎物的皮肤并向后拖拽，现生的大型猫科动物有时也会这么做——尽管这可能不如直接横跨在尸体上衔起尸体移动那么有效。

头骨形态

现在我们回到头骨形态的问题上。与猫亚科相比，剑齿虎亚科动物的头骨形态在一系列关键特征上有所不同。尤其是下面所列举的特征，其中部分特征差异显示在图4.26中：

1. 相对于脑颅，面部的位置上扬；

2. 颌关节的位置下移；

3. 颌关节与裂齿间的距离变短；

4. 下颌垂直部——附着颞肌的上升支退化；

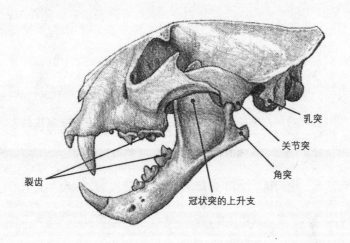

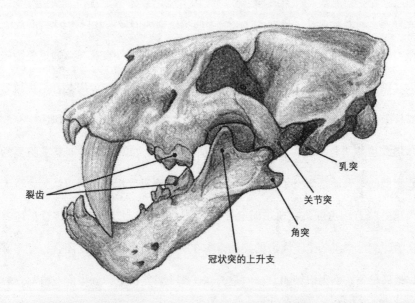

乳突

关节突

角突

裂齿

冠状突的上升支

乳突

关节突

角突

裂齿

冠状突的上升支

图4.26　猫类和剑齿虎类头骨对比

在豹（上）和锯齿虎（下）的头骨侧视图中，我们可以一眼看出文中所讨论的大部分主要差异。

解剖结构与行为

5. 颞肌的走向更为竖直；

6. 下颌在关节髁下方的角突向外侧突出。

当然，不同剑齿虎类之间也存在差异，不仅不同的属之间有差异，同一个属内不同的种之间也有差异。例如，斯堪的纳维亚半岛的古生物学家比约恩·柯登和拉尔斯·韦德林（Lars Werdelin）就曾指出，毁灭刃齿虎和致命刃齿虎的头骨形态差异非常显著。他们认为，由于头骨后部附着肌肉的走向差异，南美洲物种的脑颅位置可能会低一些，其结果是面部区域进一步上移以作补偿。

上面所列的剑齿虎类头骨的所有特征差异都与增大上下颌的最大夹角有关，剑齿虎类上下颌的最大开口将近90°至95°（而现生猫类的最大开口为65°至70°），同时还与增强裂齿的咬合力以及克服上述两个需求之间的冲突有关。通过将嘴张得更大，剑齿虎类上下犬齿之间的间隙几乎与现生猫类的相当。因此，至少就需要张嘴咬东西这点来看，剑齿虎类并没有因为上犬齿的增大而处于不利地位。

尽管这些头骨特征及其他相关联的适应性特征给剑齿虎类带来了明显的优势，它们的绝灭还是激发了一些生物演化方面的奇思妙想。有观点认为，巨大的上犬齿意味着剑齿虎类在攻击时会闭着嘴巴，然后无法张开嘴巴进食！还有观点认为，剑齿虎类的上下犬齿的尖端会卡在一起，使得下颌无法闭合，呈半开状态，最后导致它们因饥饿而亡。但是，在这些头骨特征上，剑齿虎亚科与猎猫科以及有袋类和肉齿目中具剑齿的物种极为相似（一种趋同演化现象），显示出了较强的选择压力，表明拥有剑齿绝非人们通常所认为的那样古怪且缺乏长远演化意义。在地质历史时期演化出的肉食性动物看起来总有着一些特定的形式，这些形式是基于捕捉、杀死、吃掉猎物的生存需求选择出来的，上犬齿剑齿化就是这样一种形式，它已经在不同的动物类群中重复出现过多次。同样值得强调的是，与剑齿特征一起，猎猫科动物还进一步趋同演化出了可伸缩的爪。对猫科动物来说，可伸缩的爪具有非常重要的功能意义，应被视为捕杀猎物的总体适应特征的一部分。

爪

食肉目动物的所有成员都有爪。它们的爪通常较锋利，呈弯曲状，有时会非常长。爪从动物的第三趾骨（趾骨 phalange，即组成我们的手指和脚趾的骨骼）末端长出，和人类的指甲一样，均由角蛋白组成。这些动物的第三趾骨变成了被爪的角质鞘环抱的核，后者环绕着这个核生长，呈强烈弯曲的弧形。这样的爪可以作为武器，辅助动物抓捕猎物以及梳理毛发。但是，与我们的指甲一样，这样的爪相对柔软，容易磨损和断裂。如果我们比较一下常在坚硬地面上行走的狗和不常在地面上行走的狗的爪子，很容易就能观察到爪在磨损及缺失情况上的差异。

与犬科动物不同，猫科家族一个最突出的特征就是拥有可随意伸缩的爪，能在日常活动中保持锋利并维持一定长度。这种特点在猫科动物之外，只有少数灵猫科的成员以及灭绝的猎猫科动物才有。但这一机制是如何实现的呢？

其中的奥秘就在于趾骨的形状，如图4.27和图4.28所示。爪本身是从第三趾骨末端长出来的角质鞘。第三趾骨反过来与第二趾骨的末端相连，但猫科动物第二趾骨的末端具有一个独特的结构：它的关节向一侧偏移，使得第三趾骨可以向上、向后回缩，直到与第二趾骨并列。这种收缩机制因第三趾骨不对称的关节而进一步加强。这就好像是你能把自己手指和脚趾的末端关节向手背、脚背的方向折叠，并稍弯向侧方，而非通常那样向内朝手掌、脚掌方向弯曲。

这种回缩实际上是猫科动物第三趾骨正常放松休息的状态，通过用弹性韧带向后拉动趾骨（及爪），就能让锋利的爪尖在放松时缩回到脚掌的毛发中。如果你去观察家猫的脚掌，就会发现在它休息时很难看到它的爪尖，但却可以很轻易地触摸到。

通过在第二趾骨的关节面上旋转第三趾骨可以使爪向前伸出。仔细观察家猫的脚掌，就能懂得它们是如何运用这种能力的。注意当爪子伸出来时，整个脚掌似乎都在扩张，与将自己的手掌伸出来并张开手指的情形类似。在这个伸展状态下，带爪的掌就成为一种非常有效的防御或进攻武器。在抓捕猎物的过程中，伸出的爪子可以刺入猎物的皮肤，从而死死抓住猎物。猫可以像我们合拢手指一样合紧伸出的爪子，并进一步将爪尖刺进猎物的皮肉里，使其难以逃脱。这种抓握能力也能够帮助猫爬树，但却使下树变得有些危险，因为这样的爪更适于向上攀爬，而在返回途中几乎难以发挥作用。这就解释了为什么你家的猫可以跑到树上，但有时不得不用梯子去救下来。

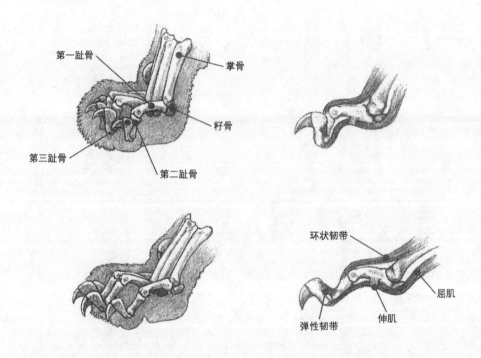

第一趾骨

掌骨

籽骨

第三趾骨

第二趾骨

环状韧带

屈肌

弹性韧带

伸肌

图4.27 爪的伸缩

爪的收缩和伸展机制是自然设计中的精致典范，在这种设计中，某个身体部分需要执行多个功能。

左上：展示了狮子在爪子收缩时，相关节的左前足骨骼。第三趾骨均向后上方折放在第二趾骨的左侧。

右上：中趾侧视图显示了肌肉和肌腱在放松时的状态。第三趾骨通过弹性韧带的连接保持在与第二趾骨相对立的位置。

左下：在爪伸展时，相关节的左前足骨骼。

右下：当趾伸展时，屈肌的肌腱会牵拉第三趾骨的下边缘，从而使爪子旋转并指向下方。

解剖结构与行为

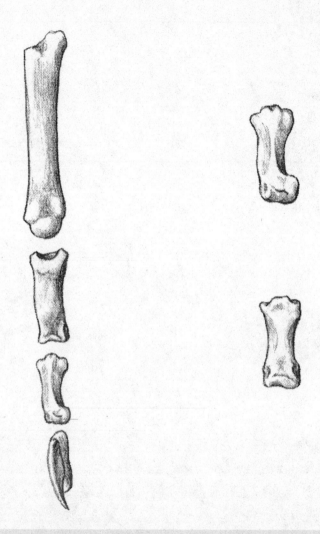

图4.28　猫科动物中趾的背视图（从前侧观）

第二趾骨的远端及与第三趾骨连接的关节面均向一侧偏转，意味着第三趾骨可以向后上方折叠到与第二趾骨并排。如果我们将家猫（右上）与家犬（右下）的第二趾骨进行比较，这种不对称性会更加凸显。

人们常说，猎豹是猫科动物中独一无二的，因为它们的爪不太能伸缩。事实上，猎豹的属名（*Acinonyx*，源自希腊语akineo——无法运动，以及onyx——爪）指的就是这一点。然而，猎豹的爪子并不是真的不能伸缩，只是它们的爪子在追逐猎物的过程中会磨损、破坏，这一现象以及猎豹在软组织形态上与其他猫类的一些差异造成了以上的误解。猎豹的爪子在回缩过程中并没有完全被毛皮覆盖，这使得它们看起来好像还伸开着。但猎豹的第二和第三趾骨的形态与其他猫科动物几乎是完全一致的。猎豹的爪子本身看起来相当直，给人的印象是，它们的爪子是从脚掌的毛皮里以不可回缩的方式伸出来的——但这至少在一定程度上反映了某种功能，也许是为了在快速转弯时增强抓地力。猎豹有着独特的捕猎方式，它们会用爪子扑倒并牢牢抓住猎物，这也是我们在下一章讨论它的捕猎技巧时将看到的，如果爪子不能伸缩，它们就无法在实现上述捕猎行为时还能避免爪子受到剧烈的损耗。

另一个特征是猫科动物与大多数犬科动物所共有的，即拥有一个大的悬爪（dew claw），它位于前足的内侧，与其他趾的爪隔着一定距离，相当于我们的拇指。因为不与地面接触，悬爪总是又长又锋利，但不是毫无用处的。在抓捕猎物时，悬爪是许多猫科动物的重要武器，猎豹的悬爪尤为发达，大且呈钩状，与其他猫科动物的爪非常相似。

猎猫科动物也发育出了可完全伸缩的爪和巨大的上犬齿（图4.29），这表明，若想在没有破损风险的情况下使用上犬齿，需要先抓紧猎物，使其无法动弹。具

图4.29 弗氏巴博剑齿虎正在用爪子挠树

这幅图展示了猫科和猎猫科动物在身体结构上的基本相似性，并突出了这两个类群在爪的使用和维护行为上可能的相似之处：养过宠物猫的人都熟悉这种行为模式。抓挠似乎并不会磨尖爪子，反而可以磨掉旧的爪鞘，并让爪子保持一定的磨损。圈养的猫科和灵猫科动物若没有可供抓挠的物体面，它们的爪子就会长得过长，可能会陷进脚垫的肉里，使动物行动不便。

剑齿的强壮型猎猫科动物的剑齿往往都是最特化的，而剑齿虎亚科中具剑齿的物种通常也都很强壮，这并非一种巧合。即使对于形成圆锥状犬齿的猫亚科动物来说，在对猎物颈部实施特征性咬杀时，牢牢抓住猎物所带来的优势也是显而易见的，这一点我们将在下一章中看到。尽管猎猫科和猫科动物在科一级上应有所区分，但两者之间的平行演化现象显示，在食肉目动物演化历史中，两者可能有着较为密切的亲缘关系。

复原：骨架

图4.30展示了我们在复原两个形态相似的化石物种时所依照的一些基本原则。脊椎的椎体可以看作一个杠杆系统，这些骨骼支撑肌肉并反过来受肌肉的牵引。大多数肌肉都通过肌腱附着于骨骼之上（有些则不是这样，如心脏、胃、肠和血管的平滑肌），而在肌腱附着的位置上，骨骼形态通常也有所变化，针对肌肉运动给骨骼施加的压力，骨骼会产生形变。在肌腱附着的位置可能会形成嵴形的突起以及不同大小的褶皱（粗糙）面，为推测肌肉的力量提供了线索。在对现生物种的肌肉解剖特征有一定了解的基础上，我们研究某个化石类群的骨骼形态，就可以得出一些有关该动物生前整体外貌和它的杠杆系统运作方式的结论。

除了常规的骨骼解剖信息，我们还能从化石标本中观察到异常或病理性的状况，因而有了更进一步探索的途径。骨骼在肌肉附着区域的次生生长可能意味着该肌肉曾多次被所承载的压力撕裂。我们在第3章中已经提到过，这种次生生长见于拉布雷亚沥青坑的刃齿虎骨骼，在肱骨上的三角肌（deltoid）附着区域尤为常见（图4.31）。这种病理特征的出现频率表明，它对这类动物来说是一个相当常

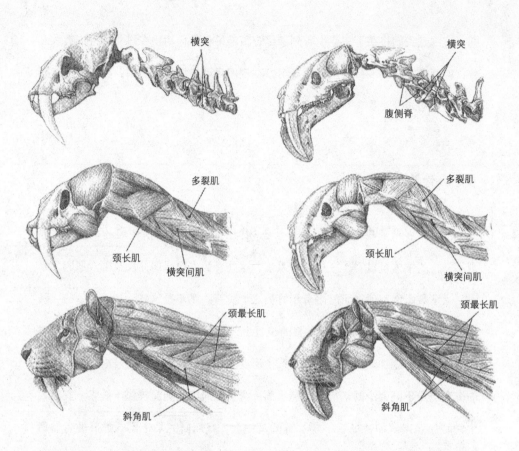

见的问题，可能是前肢骨骼在侧向运动过程中所受的压力造成的，在制服较大且正在奋力挣扎的猎物时，这种受力会很典型。如果这是真的，那么我们就能更深入地理解刃齿虎的生活习性以及相关适应特征的重要性。我们很容易就会联想到强壮的具匕首状犬齿的猎猫科动物，作为一类原始动物，它们不像现生猫科动物那样善于奔跑，但它们短的四肢和骨骼上因附着肌肉而形成的显著的嵴形突起带来的优势也是相当大的。因此，尽管刃齿虎很强壮，但它们在演化道路上也为这

图4.30（对页图） 刃齿虎（左）和袋剑虎（右）的头部与颈部的深层肌肉分布图

这两类没有亲缘关系的剑齿动物独立演化出了较之非剑齿亲属更长的颈部。在这两类动物中，颈椎上附着肌肉的突起都表现出一定程度的增大，人们通常认为这反映了强壮的头部屈肌，而这是刺杀行为所必备的。对脊椎的仔细观察表明，虽然头部屈肌（如斜角肌）的附着区域非常发达，但控制头颈部向一侧转动或扬起的其他肌肉的附着区域也同样发达且重要。

由于这两类动物从各自的祖先那里继承的脊椎有差别，所以具体的产物在两者中也是不同的。袋剑虎的椎体发育有突出的腹侧嵴，强有力的头颈部屈肌——颈长肌附着其上。然而，这样的腹侧嵴早在猫科动物的祖先中就已经退化缺失，相比之下，在刃齿虎中，其他的头部屈肌如斜角肌更为发达。这些屈肌附着于脊椎横突或侧突的下部，脊椎横突在这两类动物中都非常发达。然而，这些横突的形状指示还有其他肌肉附着其上。在上述两类剑齿动物中，横突间肌（使颈部向侧方转动）和颈最长肌（伸展并转动颈部）均附着于横突之上，功能都得到增强。这可能表示，如果它们使用犬齿切咬的方法对付猎物，拥有长的颈部并能快速、精确地转动头部是相当重要的，这有利于它们迅速靠近猎物身体的特定部位并调整牙齿的位置以实施精准咬杀。在咬杀过程中，头部屈肌非常重要，但在最后时刻，向后拉的头部伸肌也将发挥重要作用。

种强壮的体格付出了非常大的代价。

另外，渐新世具匕首状犬齿的猎猫类动物古剑虎在腰椎区域也经常显示出病理状况，这无疑也是由压力引起的。至少在这一点上，刃齿虎短而强壮的背部具有一定的优势，虽然压力引起的损伤在拉布雷亚沥青坑标本的腰背部中也很常见。有趣的是，在法国塞内兹发现的另一种剑齿虎类——阔齿锯齿虎的肱骨上也发现了一种病理性的骨生长（图4.31），类似于在刃齿虎身上所发现的。这表明，锯齿

解剖结构与行为

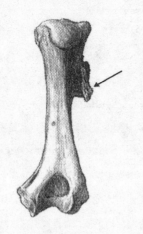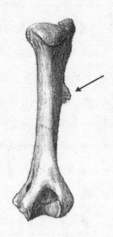

图4.31　肱骨的骨质增生：刃齿虎（左）和锯齿虎（右）

这种病理性的骨质增生（箭头所指）经常出现在因承受反复性应力导致肌肉撕裂的骨骼上。

虎虽然非常善于奔跑，但仍然需要面对利用前肢力量扑倒大型猎物所带来的问题。

　　还有一个问题，虽然不那么引人注目，但也同样重要，那就是在化石物种中，肌肉附着状态是如何与功能相联系的。我们可以从假猫和其他中新世猫类的脚踝与足部一探究竟（图4.32）。在这些原始动物的跟骨中，有一个区域是用来附着一块被称为跖方肌（quadratus plantae）的肌肉的，这块肌肉在足底连接跟骨与脚趾。在现生猫类（以及更新世的剑齿虎类）中，跖方肌本身非常小，它的附着区在跟骨上几乎是不可见的。在原始的剑齿虎类群和"真猫类"假猫中，跖方肌附着区域更大，由于该肌肉可以使脚趾相对于脚踝向脚掌方向弯曲，因而它们的后足更好地保留了抓握能力。

The Big Cats and Their Fossil Relatives　　　　　　　大猫和它们的化石亲属

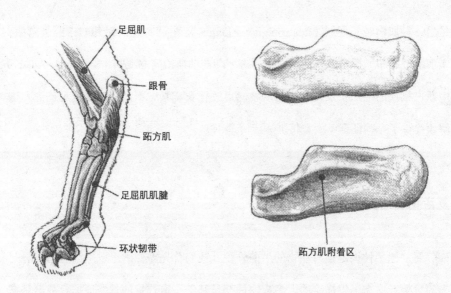

足屈肌

跟骨

跖方肌

足屈肌肌腱

环状韧带

跖方肌附着区

图4.32　假猫和现生猫类的跟骨

这幅图显示了两种动物跟骨肌肉附着的不同，从中我们可以推断出假猫的后足有着更强的抓握能力。这一重要差别源于假猫中跖方肌的发育。如左图所示，这一肌肉（也称为副屈肌）起始于跟骨侧面，与趾骨屈肌的肌腱连接并穿过足底。当肌肉收缩时，可以使脚趾弯曲，不需要那些起始于胫骨的常规趾骨屈肌的参与。由于更善于奔跑的动物需要减轻脚的重量，因此，这种肌肉在现生猫类中退化了。假猫的跟骨（右下）具有一个嵴形突起（周围是凹槽），为跖方肌的起始处。这些特征在现生猫类的跟骨（右上）中是缺失的，但在其他不善于奔跑的现生食肉类动物中是存在的。

　　有趣的是，在树栖的马达加斯加的隐肛狸身上跖方肌非常发达，该动物还有着其他一些类似于早期猫科动物的适应性特征。在随后的演化过程中，由于陆地运动在所有的猫科动物中占主导地位，跖方肌就变得不那么重要了，取而代之的

解剖结构与行为

是另一种肌肉趾长屈肌（flexor digitoris longus），它可以使脚趾相对于胫骨弯曲，实现推进而非抓握功能。最近，在西班牙萨利纳斯德阿尼亚纳（Salinas de Añana）中新世早期的地层中发现了猫科动物的足迹化石，其中不完全的趾行足迹为上述解读提供了一些证据（后文将进一步讨论）。

复活化石猫类

要复原某种灭绝猫科动物的生前外貌，我们首先需要画出以生活姿态组装起来的骨架。这本书中描绘的大多数物种都是基于一定数量的骨骼证据，甚至是完整的骨架复原的，但不少材料是未发表的。本书所给出的一系列复原图是基于非常艰巨的搜寻工作，外加一些运气。有些化石类群虽有着丰富的材料，但却缺乏来自任何一个个体的完整骨架。在这种情况下，我们只能根据常识，对大小不同的个体的骨骼进行测量，然后按比例缩放。每一幅复原图的图示都提供了一些背景资料。

有了组装好的骨架后，我们会先画上深层肌肉（图4.33）。由于并不是所有肌肉都能在骨骼上留下清晰的痕迹，因此，我们不得不用相关的现生类群进行类比，但所得到的结果与真实的情况可能不会有太大的差异。另外，许多常被称为"浅层肌肉"的肌肉，正如在图4.33的第二幅图中所展示的，均在骨骼上留下了清晰的痕迹，在这一阶段所复原出来的动物图像是完全基于骨骼信息得到的。

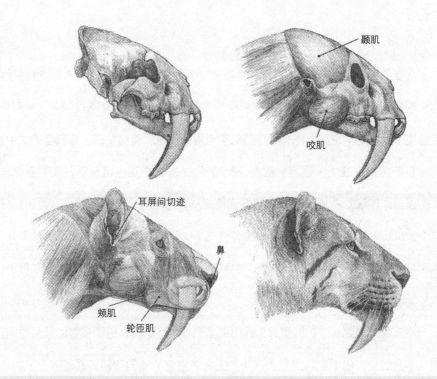

图4.33　刃齿虎的头部外貌复原序列：基于拉布雷亚沥青坑的2001–2号头骨

在这一复原序列中，我们首先定位了咀嚼肌，之后绘制了面部肌肉、嘴部开口、鼻子和耳朵的可能位置。

在食肉类动物中，轮匝肌是一种重要肌肉，占据了口壁部的大部分区域。在现生狮中，该肌肉从唇线处向后上方延伸约5厘米，我们假设狮子大小的刃齿虎唇部也存在类似的延伸。由于轮匝肌始终位于咬肌前端之前，因此，这一定位有助于我们定义唇线的延伸位置。事实上，两肌肉之间应该有一个小的区域，用来附着颊肌的肌肉纤维，后者是组成口壁的另一主要成分。我们将鼻毛（胡须）的神经床画成一个透明的面，从而可以看到前面的牙齿。鼻孔被置于上门齿列的上方，正如在现生食肉动物中所常见的。耳屏间切迹（外耳开口的最下端）略高于外耳道（耳洞），正如在被解剖的猎豹身上所看见的，而从照片和头骨轮廓的比较来看，其他大型猫科动物也是如此。由于致命刃齿虎生活在更温暖的环境中，因此，我们将它的耳朵描绘得比狮子的小一些，但这只是假设。

由于头部在很大程度上体现了动物的"个性"，因此在对这一部分进行复原时必须特别注意。头骨的形状和比例是头部外貌的基础，在复原过程中，我们一直忠实于这些基本特征。但有时，我们很难得到复原所需的信息。在科学论文中，通常只给出正交视图（侧面、前面、顶面等），因此在某些情况下，我们会制作一个模型来匹配这些视图，然后根据该模型从其他视角来绘制头骨。有时化石材料会被沉积物压碎或挤压变形，在这种情况下，我们必须谨慎地复原头骨的形状。运用计算机技术来复原头骨形态正变得越来越普遍，但在这本书的复原工程中，我们暂时还没有运用该方法。

在头骨画好之后，我们会首先画出咀嚼肌，这些肌肉占据了头部的大量空间，而且幸运的是，咀嚼肌的附着面在头骨上大多留有清晰的印记。其他部分，如鼻软骨的长度、外耳以及嘴唇的位置和形状，则更难从骨骼形态上判定，但是这些细节也同样重要，在复原时需要仔细考量。在这一点上，不同学者之间存在着分歧。例如，有人认为灭绝的剑齿虎类与现生猫科动物的外貌是非常不同的，这不仅体现在牙齿特征上，还体现在那些必须通过推断重建的细节特征上。出于这种观点，美国古生物学家乔治·米勒（George Miller）提出了三个主要不同点，这在毁灭刃齿虎的头部体现尤为明显，在其他具有剑齿的物种身上也有明确的体现（图4.34）。第一个不同点在于耳朵的相对位置，他认为，与现生猫科动物相比，刃齿虎的耳朵位于头骨上更靠下方的位置，因为高耸的矢状嵴会提高头顶的位置。第二个不同点跟鼻孔有关，他根据较短的鼻骨推测刃齿虎的鼻孔处于更靠后的位

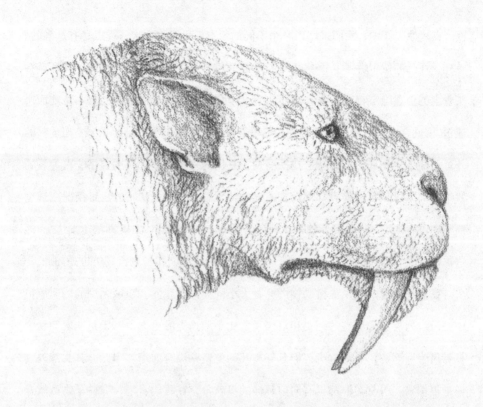

图4.34 刃齿虎头部复原的另一种设想

刃齿虎生前是长这样吗？这个相当奇怪的头部是根据美国古生物学家乔治·米勒的设想所绘。有关这些争议特征的讨论，详见正文并参见图4.35。

置，有点像斗牛犬，而向前突出的门齿列更是会夸大这种效果。第三个不同点在唇部特征上，在他看来，刃齿虎的嘴唇更长，外形更似犬科动物，允许嘴巴张得很大，使上下犬齿互相远离，从而使食物能够进入口腔一侧并用裂齿切割。

这些特征差异都很重要，因为它们意味着剑齿虎类有着极不寻常的外貌。然而，在复原工作中，我们采用了一个不同的观点，我们认为这一观点是有道理的。首先，耳朵的位置并不是严格地与外耳道的位置相关联（在刃齿虎中，外耳道在头骨上的位置确实相对较低），而是与听力功能有更为密切的联系（如本章前面所述）。因此，现生薮猫的左右侧外耳几乎能在头骨上方的中心处相接触，而豹猫的外耳明显位于两侧。当单独考虑头骨时，它们的差别就不那么明显了，因为耳的软组织部分才是不同猫类耳部存在差异的地方。头骨上矢状嵴的发育情况在现生猫类中也有区别，如西班牙猞猁（缺失）、猎豹（中等发育）、美洲豹（发达）。这些物种的外貌当然都有不同，但都完全是猫形的，我们相信剑齿虎类也是如此。

就鼻子而言，现生猫科动物的鼻骨大小同样存在差异。在最大型的豹属成员中，门齿列与鼻骨前端的距离相对来说要比小型猫类的更大。狮子是豹属动物中鼻骨最为回缩的，远超过虎，但其外鼻孔的位置并没有回缩，因此，其头部外貌还是很像猫。所有类群都具有向前延伸的鼻软骨，在我们看来，猫科动物鼻软骨的长度似乎总是足以使外鼻孔处于门齿列上方类似的位置。剑齿虎类回缩的鼻骨似乎是小型猫类向大型猫类演化的终极状态，而不是什么独特特征。

据我们所知，没有任何一种野生食肉动物呈现出米勒提出的致命刃齿虎那种类似斗牛犬的外形，无论它们的门齿相对于犬齿有多向前突出。实际上，斗牛犬的外形是因整个脸部中段连同上门齿的一起回缩造成的，这使得下门齿向前突出，上下门齿不再完全咬合。这是一种异常且很不利于生存的情况，在剑齿虎类身上并未出现过，甚至在自然环境中也是很难想象的。因此，在我们的复原图中，我们将外鼻孔置于上门齿之上并稍往前，就像很多食肉动物所呈现的那样。

以刃齿虎为例，有观点认为剑齿虎类上下颌的最大开口超出了正常猫类嘴、唇和颊部肌肉所能承受的弹性极限，因此推测该类动物必然有着更大的嘴和更长的唇，这种想法显然低估了上述组织的弹性。我们曾观察狮子打哈欠，有一次嘴巴竟然完全张开，达到70°，就像做了一个鬼脸，这表明嘴巴的弹性远远超过了正常开口的需求。假使刃齿虎的嘴巴可以张得比狮子的大30%，那么参考嘴部的弹性，其唇长只需要增加不到30%就能满足这种要求——肯定小于米勒复原的状况，他在狮子唇线的基础上增加了一半的长度（图4.35）。实际上，如果我们去观察现生食肉目动物，就会发现它们的唇线均相对于裂齿向后延伸到一个类似的位置，这在犬科和猫科动物中都能看到。如果说犬科动物的口裂得更长，那是因为它们的吻部更长，换句话说，嘴唇可以看作是从裂齿向前延伸的，而非向后。但是，还有另外一个非常实际的理由使我们相信我们的观点是正确的。如果唇线再往后退一点，那它就会与附着在下颌并组成脸颊的肌肉相接触，这样一来，这些肌肉就为唇线设定了界限。因此，在复原中，我们一直遵循这一原则，将嘴唇的后端画到正常位置附近。在这种嘴巴大小下，唇部的弹性使得动物可以将食物置于口腔的一侧并用裂齿切割，如图5.28所示。

胡须的问题我们之前已经讨论过，作为最后一点，我们需要回到有关毛色复原的问题上。将某个物种复原成带斑点的或单一的毛色是我们经过深思熟虑并基于功能意义的。因此，我们倾向于将森林中生活的动物复原成带斑点的，而将草

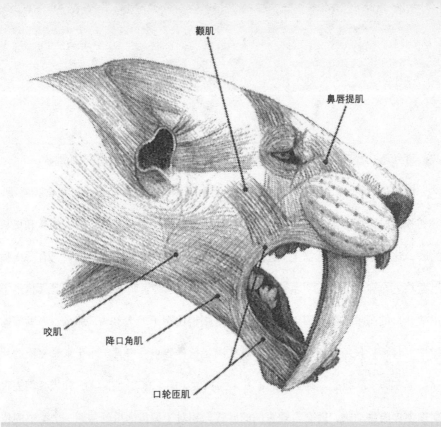

颞肌

鼻唇提肌

咬肌

降口角肌

口轮匝肌

原上生活的动物复原成不那么显眼的纯色，但没有固定的准则，而且一些相反的例子（如猎豹和美洲狮）提醒我们在复原时需谨慎。但不管怎样，动物的体色必须符合实际（彩图10），比如说黑化类型无法在开阔的地形中成功生存。现今，仅在生活于植被密集地区的豹、美洲豹、云豹和薮猫种群中发现过黑化个体。

　　几乎所有现生猫类都有一定程度的面部纹饰，甚至在体色简单的类群如美洲狮、狞猫和金猫中，也存在很明显的面部斑纹。这种普遍存在的面部斑纹强化了它们的外观形象，可以帮助交流并减少种内斗争，这对有着致命武装的动物来说是非常重要的。我们有理由认为，至少与这些危险的现生猫类一样，剑齿虎类的面部也会有明显的斑纹。

重建运动模式

如果我们将上面总结的一些信息综合起来，就可以对那些留下骨骼证据的灭绝物种的各种运动方式进行重建。因此，我们对猫科动物的一些运动特征进行了简要分析。

奔跑

很明显，无论是现生的还是灭绝的，没有哪种猫科动物能够很好地适应持续性的奔跑。在这一点上，它们与犬科和鬣狗科动物形成了鲜明对比。我们可以通过重建三个奔跑序列来阐明这一点。

奔跑序列1：古剑虎（图4.36）

在早期猫科动物和类似的猎猫科动物中，我们可以看到所谓的"原始"身体构型。这种原始构型可以以假猫为典范，在原猫中也能得到参照，但在更为人知晓的古剑虎中发挥到了极致。这种身体构型包括长而有弹性的背部以及短的四肢，特别是短的掌跖骨（即前后足相当于我们手掌和脚掌部分的骨骼）。在现生

图4.36 古剑虎的奔跑序列

动物如獴以及许多小型的鼬科动物（也就是白鼬和水貂等所属的类群）中，也能够清晰地观察到这种身体构型的极端状态。

这种身体构型似乎很好地适应了"半跳跃"的运动方式，这种奔跑模式将消耗大量的能量，但由于动物可以很快地加速，对短距离冲刺来说完全足够了。在这种奔跑方式中，动物的后肢几乎是同时起跳和着地的，而前肢则以传统的奔跑方式向前迈步。这种技术利用了背部强大的延展性，给人留下一种长时间"伸展飞行"的印象。相反，四肢只在很短的时间段内同时集中在身体下方。

奔跑序列2：巨颏虎（图4.37）

与中新世的假猫祖先相比，现生的大型猫科动物（如狮和虎）有着更长的四肢和更短的背部，似乎反映了对陆地运动的适应。从高速影片中获得的观察表明，这些动物在奔跑的开始阶段，可能采取序列1中那种更原始的半起跳动作

图 4.37　巨颏虎的奔跑序列

（大概从站立的状态开始加速），随后转为更经典的快跑动作。上新世—更新世的进步剑齿虎类有着相较于现生豹类更短、更强壮的背部，几乎很难用半跳跃的方式奔跑。但举例来说，巨颏虎的强大力量意味着，它可能是伏击型猎手，需要至少几个跳跃来获得速度并在猎物有机会转身逃跑之前靠近猎物。

　　奔跑序列 3：惊豹（图 4.38）

　　猎豹常恣意奔跑靠近猎物，这种自信可能来自于它们的高速奔跑能力。有赖于独特的形态，它们一旦开始奔跑，就会迅速加速。猎豹—惊豹形的奔跑型猫科动物末端肢骨细长，小臂、小腿和掌部的肌肉退化，在整个身体构型上初看与灵缇犬相似。然而，我们仔细观察后就会发现，它们有着较犬科动物更长、更灵活的背部。这些猫类在急速奔跑过程中消耗的能量要比犬类的高，但是，大步幅的

图4.38　惊豹的奔跑序列

"悬空飞行"阶段与更长时间的"聚拢"阶段交替进行的模式，可以相当有效地提高它们的奔跑速度，远超其他猫类。

攀爬

使得豹这样的大猫能够成功爬树的解剖特征与它们扑倒并抓住挣扎的猎物的能力有密切联系。这并不奇怪，因为我们认为有利于动物生存的大部分适应特征，往往是一些互斥的需求之间妥协的产物，因此大多数适应特征并不完美——人类直立行走，获得的明显优势在于解放了双手，但代价是引发了背部疼痛及相关的并发症——但与此同时，同一种能力也往往会满足不同的任务需求。

豹在爬上几乎垂直的树干时（图4.39），前肢和后肢会一起运动，形成一系列

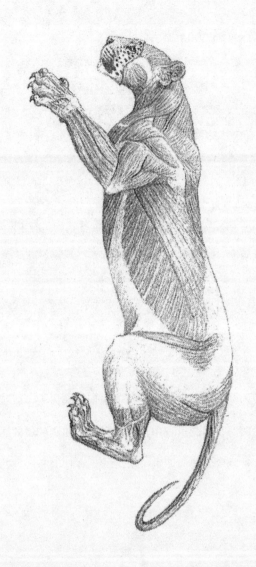

图4.39　豹在爬树时用到的主要肌肉

可以将该图与下一幅图进行对比，因为豹在爬树时用到的主要肌肉与捕猎时用到的肌肉是相似的。

图4.40（对页图） 刀齿巨颏虎正在扑倒一匹马

这种长着匕首形犬齿的猫科动物的猎杀技巧很可能是先将猎物扑倒在地，然后再实施咬杀，而现生豹类通常会从咽喉、口鼻甚至是臀部来撕咬仍站立反抗的猎物。这种捕猎行为对于巨颏虎的长犬齿来说太过危险。若想制服大型有蹄动物（像图中这样的一匹小马很可能是它最大的猎物），它必须动用巨大的肌肉力量。

在猎杀过程中，最重要的肌肉是前掌的屈肌和伸肌，它们构成了动物前臂肌肉的重要组成部分。例如，使前臂内收的肌肉，如胸肌，以及使前臂外展的肌肉，如三角肌。骨骼上的肌痕表明，所有这些肌肉在刃齿虎族动物如巨颏虎身上都非常发达。

另一个重要的动作涉及前臂的弯曲，这是由肱二头肌完成的。这个肌肉在巨颏虎中较为发达，而另外两种肌肉大圆肌和背阔肌的联合作用可以辅助肱二头肌的活动。大圆肌起始于肩胛或肩胛骨的后表面，背阔肌起始于脊柱和腰筋膜。它们连接在一起并附着于肱骨内侧。由于刃齿虎类的背部比猫类的短，因此，其背阔肌的收缩将更为有效，同时腰筋膜下方的背部大肌肉群的牵拉也更有效（正如图3.11锯齿虎的复原序列中所展示的）。

在后肢上，强大的内收肌和缩短的跖骨增加了刀齿巨颏虎在与猎物搏斗时身体的稳定性。

向上的跳跃。前肢的侧向运动很重要，可以用来抓住树干，后肢则始终与躯体保持同一方向向上攀爬。在攀爬过程中，控制脊柱弯曲和伸展的肌肉也是非常重要的。我们可以将这种攀爬姿势与图4.40所绘的正在扑倒一匹马的巨颏虎的姿势进行比较。

行走

显然，外形相似的动物会以相似的方式运动，无论是跳跃、行走，还是奔

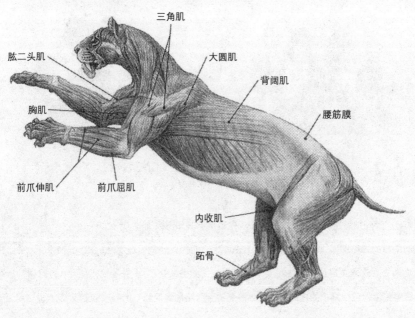

三角肌

肱二头肌

大圆肌

背阔肌

胸肌

腰筋膜

前爪伸肌

前爪屈肌

内收肌

跖骨

跑，这种与现生类群的相似性正是重建化石物种运动模式的基础。然而，有时候我们也可以用一些更直接的证据去佐证我们对运动模式的推断。仔细观察某种动物的足迹，并结合它的骨骼形态特征，就可以获知这种动物的很多信息。

可惜的是，化石猫类的足迹相当罕见，通常情况下，只有现存物种在不久前留下的足迹可以被很好地观察到。然而，最近在西班牙北部阿拉瓦省（Alava）萨利纳斯德阿尼亚纳中新世遗址的发现显示，假猫的五个个体曾经缓慢而悠闲地走过这一地点。这些足迹（图4.41和图4.42）显示该动物的体形大小与欧洲野猫相当，用趾行的方式行走。与现生猫类相比，假猫前后足的中心脚垫相对于整个脚

图4.41　萨利纳斯德阿尼亚纳的脚印与现生猫类的脚印图案比较

萨利纳斯的脚印图案（右）显示出留下这种足迹的猫科动物有着发达的指间垫2和4，它们相对更为向后延伸突出。在现生猫类（左）中，指间垫2和4较小并紧贴指间垫3的两侧，从而使脚垫整体缩短。缩小的指间垫面是那些更善于奔跑的食肉动物所具有的普遍特征。

图4.42　萨利纳斯德阿尼亚纳的食肉动物足迹

图中展示了留下萨利纳斯足迹的猫科动物可能的外貌。这些足迹对应的动物要么在行走，如图所示，要么在以中等速度（每秒不到两米）小跑。许多猫科动物的足迹显示，它们以对角线序列的步态移动，这意味着在后脚迈步后，相反方向的前脚跟着迈步。这是现生猫类在小跑或快走时的移动方式。对足迹的各种测量显示，萨利纳斯猫在比例上很像一些生活在森林中的现生猫类，它们有着长长的背部和相对较大的爪子。从足迹看，这种步态保持了数米不变，我们几乎可以想象出这只小动物当时正沿着古老的湖岸有目的地移动，就和现生猫类一样。

掌更长，这意味着该动物足部与地面接触的面积更大，但在整体效果上非常符合现生类群的运动模式，也与我们对假猫属小型种类的复原接近。

西班牙足迹化石中有一个有趣的细节：有四个个体的足迹是平行的，这显示它们是一起行走的。目前还不清楚它们是代表四个没有血缘关系的个体，还是有两个孩子的家庭，抑或一个带着三个孩子的母亲，但所有这些可能性均表明了社会活动的存在。

解剖结构与行为

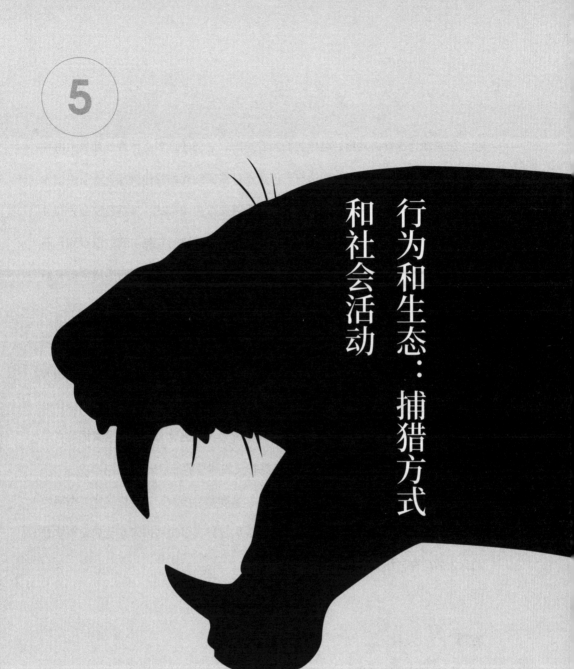

5

行为和生态：捕猎方式
和社会活动

猫科动物是食肉动物，就像我们所看到的，它们的许多身体特征都显示出对捕捉、杀死猎物和获取肉食的适应。但这不仅需要纯粹的身体机能，还需要行为上的适应，在许多情况下，这些行为模式是需要后天习得的。母亲往往会为幼崽捕捉活体猎物来训练它们，并在幼崽试图捕杀猎物时进行指导。我们能看到，即便是成年的家猫也会捉住并玩弄老鼠、鼩鼱、鸟和小兔子。这种行为通常被我们当作故意虐待猎物的例子，但实际上不过是家猫早期训练行为的延续。

猎杀无疑是长生不息的重要手段，但并不是获得肉食的唯一途径，我们不要天真地认为，所有野外生存的猫科动物都是高贵的猎手。实际上，大多数食肉动物都是机会主义者，只要能够获取猎物，它们可以在任何时间及地点进食。在很多时候，它们会赶走那些已猎得食物的捕食者来获取进食机会——这类情形在非洲一些地区甚是常见，那里的狮子常从鬣狗、豹和猎豹的口中抢夺食物。

因此，在这一章中，我们研究了一些社会和行为因素，这些因素让大型猫科动物变成了高效的猎手和食腐者。同时，我们还思考了这些因素对认识化石物种的行为活动有怎样的启发。

社群

现生猫类多过着独居的生活，除了交配期，它们几乎不会聚在一起。幼崽在具备独立生存能力之前，会和母亲一起生活一段时间（这段时间可以长达两年）。

这种小型的家庭集群是大多数猫科物种中最常见的集群形式。非洲狮是一个例外，它们集群生活，一个族群里的成年狮子和幼崽可达12个之多（图5.1），但即使这样，族群的结构也绝不是一群个体的随机组合。

社会活动的总体水平会反映在获取食物的手段上，两者之间似乎有密切的联系。一般来说，在食肉动物中，集群狩猎的物种具有更为复杂而紧密的社会行为模式——狼、非洲野犬和斑鬣狗的例子就很好地说明了这一点。在适宜的环境下，斑鬣狗的一个族群甚至可能有多达80个个体。因此，考虑到独居的特性，多

图5.1　在树荫下休息的狮群

我们常常可以看到这样休息的狮群，也许是刚进食完，又或者是为了在白天炎热的时候保存体力并保持身体的凉爽。狮群的大部分社交活动都发生在这样的时刻，幼狮在一旁玩耍、进食，而成年狮子要么睡觉，要么梳理毛发。

数现生猫类都独自狩猎也就不足为奇了，在这一点上，非洲狮同样是个例外。下面，我们有必要更详细地研究一下非洲狮的社会结构。

在一般情况下，雌狮是族群的基础，它们彼此间通常有一定的血缘关系，相互协作承担大部分狩猎工作以及照顾族群幼崽的任务。正如我们所见，与大多数猫科动物和许多哺乳动物一样，狮子也表现出了性双型现象，雄性远大于雌性。狮群中的成年雄性可能有两到三头，彼此之间常有血缘关系（但不一定与雌性有关系），它们杀死或赶走了之前的雄性，然后接管了狮群。前任雄性所生的幼崽会被杀死，族群中所有的新生儿都将是雌性与现任雄性所生的。雄性幼崽在成年后会被驱逐出去，而雌性则可以更长久地留在狮群中。成年雄性会捍卫自己的族群，防止其他雄性侵占，后者可能会集结成全雄性的群体四处游荡，继续搜寻它们有能力接管的族群。因此，成年雄狮要么与雌狮组成性别混合群体，要么组成全雄性群体，只有到了老年才可能独居，而在这种情况下它会很快死亡。

另一方面，这种紧密的社会行为也体现在合作狩猎技巧上：狮群团结协作，迫使某只大羚羊或斑马在慌乱逃窜的过程中脱离群体，然后几头成年雌狮立刻上前围攻（图5.2）。雄狮很少参与这样的捕猎，因为它们比雌狮大，也更难隐藏自己。但是在进食时，它们会迅速确立自己的地位，并利用巨大的身体和力量来保证它们应得的份额。从雄狮的视角来看，这样的行为是非常高效合理的：在其他成员可以供应食物的时候，为什么还要耗费力气、冒着受伤的危险亲自去捕猎呢？然而，在完全由雄狮组成的群体中，它们通常需要主动出击，相互协作以杀

图5.2 围攻斑马的雌狮群

尽管狮群中的任何个体都有能力捕杀斑马，但这样的联合行动更常见，也更有效。斑马也许能够摆脱单个狮子的进攻，但像画面所描绘的情况最终只会有一个结局：斑马被猎杀。

死雄性水牛之类更大的动物（图5.3）。事实上，在非洲的一些地区，雄狮似乎非常善于针对这些具有攻击性和危险性的猎物进行合作狩猎，具备多种技能也增强了它们生存策略的灵活性。这种灵活性甚至也可以让狮群受益，因为在雌狮们无法成功捕猎特大型的猎物时，雄狮的加入有时可以顺利扭转局势。

当然，猎物的实际大小取决于当地的环境条件和猎物类型。例如，乔治·夏勒在坦桑尼亚的曼尼亚拉湖国家公园（Lake Manyara National Park）发现非洲水牛是当地数量最多的大型猎物，占狮子捕获物的62%。令人惊讶的是，其中81%被捕杀的水牛为成年的公牛，因为年龄较大的公牛常常离开牛群，进而成为极具吸引力的捕猎对象。相比之下，卡拉哈里沙漠的狮子一般只能以小型猎物为生，

图5.3 两头雄狮正在攻击一头水牛

与雌狮一样，雄狮群或全雄性群体的成员有时也会一起行动。然而，当攻击如此巨大且具有攻击性的猎物时，结局就难以预料了，通常狮群会受伤。

因为当地的大型羚羊较为稀少。

　　并不是只有现代狮才偏爱捕食大型的牛科动物，有证据表明，更新世美洲狮子的食谱中也有它们。在阿拉斯加发现了一具非常完整而自然冻干的野牛木乃伊标本，如图5.4所示，它的身上有明显的抓痕和咬痕。戴尔·格思里（Dale Guthrie）的研究表明，这些伤痕并不是该地区的另一种大型猫科动物锯齿虎留下的，因为锯齿虎的牙齿会产生撕裂的伤口而非穿刺带来的创伤。还有一些证据表明，这次

图5.4 西伯利亚野牛"蓝宝贝"

这具被发现者称为"蓝宝贝"的更新世野牛的冰冻残骸显示出被狮子杀死的明显痕迹，它的后肢和吻部均有被穿刺的伤口。实际的猎杀可能是通过狮子典型的咬杀行为实现的，如图5.16所示。

猎杀发生在秋季，冰期的寒冷温度让野牛尸体在被吃掉之前就冻结了，这意味着此次猎杀并不是由一个庞大的族群完成的。然而，至少有一头狮子曾尝试过食用已经冻结的尸体，因为在取食过程中，它折断了自己的一颗裂齿，并把牙齿碎块留在了野牛的皮肤里。

单个狮子的庞大体形以及狮群所能集聚的战斗力意味着它们在获取食物方面还有第二种选择（图5.5）。斑鬣狗本身是一种高度社会化的猎手，在多达25个个体的狩猎群体中，它们能够捕获斑马及大型羚羊。对于其他捕食者来说，斑鬣狗的猎获物在被完全吃掉之前，都是非常诱人的食物。斑鬣狗在守护猎物时会极具

图 5.5　成年雌狮与斑鬣狗的打斗场景

在捕猎地界，狮子对鬣狗的容忍度很低，常常会蓄意地驱赶它们。

攻击性，但即使有着庞大个体数量的族群，它们在面对成年狮群时也是无能为力的。在东非部分地区的观察显示，斑鬣狗 70% 的猎物会被狮子抢走。

如今，非洲狮主要生活在开阔地带，从稀树草原到半干旱地区都有它们的身影，它们的社会行为也适应着这样的环境。狩猎和抚育幼崽时的合作行为提高了各个层面的效率，并让捕获大型的猎物变得更有可能（图 5.6）。当然，集群生活也意味着在食物短缺时狮群内可能没有足够的食物进行分配，在这种情况下幼崽的日子往往很艰难，因为它们无法与族群中的其他成员竞争。有观察表明，在食物短缺时，雄狮倾向于把猎物分给幼崽，它会驱赶雌狮以确保幼崽能吃到食物。

图 5.6　正在进食长颈鹿尸体的狮群

成年长颈鹿是一个可怕的对手，狮子即使在最饥饿时，也很少攻击它们，这时长颈鹿幼崽往往会成为狩猎目标。一旦被击倒，这样的动物就会成为几头狮子的美餐。

与狮子不同，同样生活在热带草原的猎豹通常独自生活和行动。它们特化的捕猎行为使团队合作变得困难。然而我们困惑地发现，猎豹有时也会合作行动。例如，有报道称，塞伦盖蒂地区（Serengeti）60%的成年雄猎豹可能生活在由2到4个个体组成的固定联盟中，只有40%更偏向独居生活。报道指出，这种集群生活对猎豹来说是有益的：群居雄性平均比独居的雄性重10千克。此外，母亲和其亚成年后代组成的族群似乎也经常一起捕猎，这可能给人成年猎豹更经常组成联盟的印象，但实际情况并非如此。也有证据表明，在离开母亲的照顾后，猎豹兄弟姐妹们可能会继续在一起生活一段时间，这种伙伴关系使情形变得更为复杂。猎豹的捕猎方法非常特化，最初的捕猎训练期对它们来说极其重要，成员之间很可能在那个时候就已经形成了牢固的联系。在亚洲，曾有驯养猎豹狩猎其他动物的风俗，在那时人们就认识到从野外捕获的年龄尚小的幼兽还没有学会正确的捕猎方法——这也印证了从母亲那里获得教导的重要性。

豹、虎和美洲豹倾向于在更封闭的地带活动，这样它们更容易追踪并靠近猎物。在封闭地带狩猎时，增加猎手的数量并不能获得更好的效果。因此，社交互动和合作狩猎的行为很少能在这些物种中见到，领地标记（图5.7）也成为它们的一个重要行为特征。美洲狮也是独居动物，尽管其生活在各种各样的栖息地中，但这似乎并没有刺激它们进行团队合作。雪豹的情况也是如此，开阔地形和食物资源高度分散的栖息环境使得单独狩猎成为唯一的选择。但这些动物确实是独来独往的吗？还是只是看上去如此？

正如我们前面所说，虎有社交倾向，圈养的雪豹好像也完全可以友好地生活在一起。上述两个物种可能的行为模式范畴中都存在社会性的部分，在不同情形中，团队合作可能会成为常态。每个豹、美洲豹和虎的雄性个体均占有一个大范围的领地，这个领地往往与多个较小的雌性领地相重叠（彩图11）。对虎和豹的观察表明，领地内的雄性对雌性及自己的幼崽的容忍度可能比之前认为的更高。在某些情况下，雄豹甚至在母豹还抚育幼崽的期间就会与之交配。现在也有一些新证据表明，与狮子一样，雄性幼豹很可能更不被母亲容忍，会被驱离出领地，而雌性幼豹能在领地待更长时间，甚至可能在母豹领地的附近建立新的领地。

独居和群居的猫科动物都有明显的领地意识，而且领地大多是固定的。尽

图 5.7　向树干喷洒尿液的平原拟猎虎（*Nimravides pedionomus*）

这个美洲拟猎虎属的早期物种产自中新世克拉伦登期地层中，比后期的物种，如产自亨普希尔期地层中的狮子大小的匕齿拟猎虎，要小一些也更原始一些。平原拟猎虎的大小和现生虎中较小的南方亚种相当，身形也与其相似。和许多现生猫科动物一样，它很可能是有领地意识的，因此，我们在这里用标记领地的行为来描绘它。

管因物种和栖息地的不同而有一些差异，但它们共享一系列标记领地的信号。嗅觉、听觉和视觉信息都能用来警告越界者，气味是成员之间进行交流时非常重要的感官信号，在这里其作用可能比在狩猎中还要重要。如图 5.7 所示，喷洒尿液是最明显的嗅觉标记行为，族群或家庭成员在互相问候时也会摩擦头部和颈部，从而交换面部腺体的气味，获得一种共同的味道。

猫科动物发出响亮而传播深远的声音（如咆哮）的最主要目的是宣示领地，但实际上，它们声音的传达范围有远有近。有些声音，比如小型猫类幼崽发出的嘶嘶声，似乎只能在非常近的距离内被亲密的家庭成员听到。

最明显的视觉领地信号是动物对自己外貌的展示，鬃毛、胡须、斑点和条纹等一系列特征都是清晰的领地识别标志。面部特征有助于动物表达友好或敌对的意图，而雄性首领茂盛的鬃毛和胡须再加上庞大的身体，显然会让入侵者望而却步。此外，还有一些更微妙的视觉信号，比如没有被覆盖的粪便以及留在树干上的抓痕。尽管一些学者对这种标记是否有明确意图表示怀疑，但这些标记似乎能被其他猫类个体所识别。猫科动物的掌部具有气味腺，能够确保任何爪痕不仅能被看到，还能被闻到。

从各种猫科动物的一系列种内和种间社会行为中我们不难看出，食肉目动物整体上都有着较强的行为适应性，能够在一定程度上调整自己的活动模式以适应环境。狼、斑鬣狗和狮子在群居生活的物种中是最极端的，它们会调整自己的群体规模，并采用相应的社交和狩猎行为模式以适应当地环境中的各种因素，比如植被覆盖率和可利用的食物资源。印度吉尔自然保护区的亚洲狮就是这方面的一个典型例子，这里的植被比非洲狮通常面临的状况更为茂密，所以狮子们不需要结成那么严密的狮群。在一年的大部分时间里，这里的雄狮和雌狮都倾向于生活在不同的群体中，只有在交配期间才会聚在一起。因此，任何一种单一的模式都不能概括这些动物的社会行为。猫科动物社会性的另一个特点是，雄性群体形成的原因似乎不同于雌性。在狮子中，我们同时观察到了雌雄两个群体，而对于猎豹，只有雄性群体是常见的。博物学家托马斯·卡罗（Thomas Caro）认为，在大型猫科动物中促使雌性组成群体的主要原因可能是领地内介于其体重1到2倍之间的猎物密度较高，而使雄性组成群体的主要原因可能与集中在特定区域内的高密度雌性群体有关。

但是，任何物种可能具有的行为都是有限的。为什么大型食肉动物之间有如此显著的行为差异呢？一些学者曾经对这个问题做过一些推测，其中最著名的要数德国动物学家赫尔穆特·海默（Helmut Hemmer）所提出的。他认为食肉动物的社会复杂程度与脑的相对大小（指脑与身体的比例）有关，从隐含意义上说，这些都与学习能力有关。在现生猫类中，狮和虎有着相对最大的脑容量，其次是豹和美洲豹，然后是美洲狮，这也被拿来对应于我们对它们的社会互动性程度的认识。但是，如果这类社会互动性程度（或者社会性潜力）被低估了（现在看来似乎是这样的），我们又该如何看待这些推论呢？所有观察到的模式都可以看作是原始的甚至是初具雏形的族群行为，这让我们相信生态因素驱使某些物种发展出了更发达的集群生活，却没有推动另一些物种做出类似的反应。猎豹的脑容量足够大，使幼崽能够从母亲那里学习复杂的捕猎技巧。而一些猎豹集群生活的事实表明，群体生活对于它们来说没有很大的先天障碍。但猎豹已经走上了高速追逐的狩猎之路，这需要一种特殊的捕猎技巧，并限制了它们所能捕获的猎物大小。在这种情况下，聚集在大群体里生活是没有意义的：使用这套相同捕猎技巧的猎手，即使数量再多也不能捕获更大的猎物，而且对于一次猎杀来说，群体捕猎后需要进食的个体也会变得更多，意味着各自可获得的食物更少。因此，依据脑的大小并不能很好地预测所有猫科动物的行为。

有关现生猫科动物社会行为局限性的争论会很自然地把我们引向化石猫类的社会行为问题。这时，我们很容易被一个有吸引力的观念所误导，即脑容量的相对大小可以为我们提供一种以现存物种为基准比较化石类群的方法。然而，古生物学家必须更加谨慎。通过测量头骨空腔的容积来估计脑容量的大小是相当容易的，但是容积本身的数值却不是我们想要的，因为头骨内部并没有完全被脑组织填充。让我们真正感兴趣的是大脑皮层的大小。大脑皮层是大脑的外层，也是高级功能所在的区域。因此，即使我们能够估算出脑的实际大小，也不可能直接获知大脑皮层的大小。另外，即使我们忽略掉这些误差因素，这个问题还牵涉到脑的"相对"大小，因此对体形大小的估计同样重要。后一问题更难解答，因为它涉及骨骼的测量，以及根据推测的身体比例进行各种计算，得出的结果很可能没有我们设想的那么精确。由于许多猫科动物的雄性个体都明显大于雌性（图5.8），因此在上述估算中，性双型也可能是一个干扰因素。成年雄虎的大小可能是同种群中雌虎的1.5倍以上，更不用说整个物种中还可能存在地理变异。如果脑的大小和动物社会性之间的相关性本身就存在问题，那么整个推算工作就困难重重。我们最多能说，若某一化石猫类在脑的相对大小上与某一现生物种类似，那么它

图 5.8　正在交配的巨型剑齿虎伴侣

很有可能与所有现存大猫一样，交配对剑齿虎类来说是一项非常吵闹的活动，它们会发出咆哮。图中我们还可以观察到两性之间的大小差异，这是剑齿虎属的一个显著特点。

行为和生态：捕猎方式和社会活动

们可能有着大致相当的社会复杂性。

　　下面的一些例子也许能够帮助我们理解整个问题。虽然美洲的化石狮子通常被认为与现生的狮子属于同一物种，但相关估算结果显示，它们有着较现存亲属更大的相对脑容量。这是否意味着它们更善于社交，或者具有更复杂的社会行为呢？相比之下，拉布雷亚沥青坑中数量丰富的大型剑齿虎类——致命刃齿虎的相对脑容量与现生的豹和美洲豹相当。再参考这一地点刃齿虎骨骼显示出的很高的损伤率，有学者猜测该物种的社会互动水平较低，并存在相当激烈的种内斗争。然而，其他一些证据表明，这种解释可能过于简单化了。在牙齿发育过程中，母亲的照料对年轻个体非常重要（图5.9）。此外，许多伤残个体的伤口表现出了愈合的迹象，意味着它们在受伤后存活了相当长一段时间，而另有不少个体似乎年事已高或遭受诸多疾病的折磨，它们要捕猎一定相当困难。这些动物的存活本身就是一个强有力的社会行为标志，因为我们从对狮群的研究中得知，丧失行为能力的个体可以被同伴很好地包容并获得食物。

　　基于在拉布雷亚沥青坑发现的刃齿虎个体数量和一些简单化的假设，有人进一步对刃齿虎独居而好斗的生活方式提出了质疑。首先，这些刃齿虎在试图接近被困住的动物或动物尸体时似乎陷入了困境。如果我们发现的大型食草动物数量与它们被困入沼泽事件的最大数量接近（这是一个合理的推测），那么也会有若干（可能十个左右）刃齿虎个体在尝试攫取这些食草动物的过程中被困住。考虑到食草动物被困的事情不太可能特别频繁地发生，尝试取食被困动物的刃齿虎也不可能全都遭此厄运，那么在某一时段内独居的刃齿虎被困住的数量就显得太多了，因为独居的动物总是生活在各自的领地中，同一时间内不会在同一区域聚集大量的个体。

就其他类群而言，我们在图5.10和图5.11中提到了剑齿虎属成员可能具有的一些行为。一些权威学者曾提出，锯齿虎也可能存在社交行为。的确，单凭脑的大小并不能否认社交行为的存在，即使锯齿虎制服猎物的能力不如刃齿虎和一些豹属动物，它们也会追捕大型猎物，因而可能群体行动。锯齿虎善于奔跑的骨骼特征意味着它可能生活在更加开阔的环境，在这种情况下，以某种集群的方式活动是有生态意义的。联系现生物种的研究，锯齿虎在弗里森哈恩洞穴的穴居行为一直被视为它们独居习性的证据，但是我们在法国、波兰、英国、德国的洞穴以及其他类似环境中发现的欧洲狮化石显示有多个个体居住在洞穴中。

但这个问题还有另一面。要调和对锯齿虎运动行为的不同解释，很大一部分困难在于如何解释弗里森哈恩洞穴中猛犸象幼崽被捕食的证据（图5.12）。幼象被捕食的直接证据是在沉积物中发现了70多头幼年猛犸象。是什么动物杀死了这些猛犸象幼崽，它们又是如何到达此地的？在没有锯齿虎和猛犸象的今天，狮子对大象的猎杀似乎为我们提供了最好的类比，而德里克·朱伯特（Derek Joubert）在博茨瓦纳丘比国家公园（Chobe National Park）的观察提供了最好的参考资料。他发现，在1990年期间，象肉在一个狮群的食物中所占的比例高达20%，尽管大部分的肉都是狮子从自然死亡的个体中获取的，但也有一些的确来自主动猎杀。

图5.9 雌性刃齿虎带幼崽的家庭场景

所有现生猫类产下的幼崽在生命的最初阶段都非常依赖它们的母亲,而灭绝物种的化石记录显示,处于类似发育阶段的幼崽也需要母亲的密切关注。由这种抚育行为所建立的家庭纽带可能会巩固未来成年个体之间的社会行为模式。

图5.10 一对巨型剑齿虎正在攻击羊神羊角牛羚（*Tragoportax amalthea*）

社会性和合作程度的问题是重建所有灭绝猫科动物的生活方式的基础。在欧亚大陆，巨型剑齿虎的猎物有比水牛还大的兽类如西瓦长颈鹿，以及像羊角牛羚这样中等大小且跑得较快的羚羊。无论是何种情况，集群狩猎对猫科动物来说都是有利的。虽然"火力"更强的物种可以捕获非常大型的猎物，但合作战术可以"困住"更小、奔跑更快的羚羊，并将猎物驱赶到已埋伏着的团队成员的爪下。这种合作狩猎通常见于狮，但在猞猁和老虎身上也能观察到。

图5.11　一对剑齿虎正在攻击绍氏布氏麟（*Birgerbohlinia schaubi*）

绍氏布氏麟是一种大型动物，如果剑齿虎想要捕猎其成年个体，那么合作狩猎是必不可少的。

图5.12　晚锯齿虎猎杀幼年猛犸象的场景

虽然一头幼年猛犸象很适合作为锯齿虎的猎物，但在现代象群中，这种幼年个体很少出现在离群很远的地方，而猛犸象群的结构很可能也同样紧密。这样的捕猎没有任何优势，最后只会被一头愤怒的雌象所驱赶。然而，那些年龄在2到4岁之间的年轻猛犸象可能就不会受到那么严密的保护，好奇心驱使它们远离象群，置身险境，就像在现代象群中所见到的那样。

它们瞄准的猎物是年龄在2到4岁之间的年轻个体，而不是由母亲严密守护的极幼年个体——可能是好奇心驱使着那些年轻个体远离了象群。正如罗恩－沙琴格（Rawn-Schatzinger）所指出的，上述发现与弗里森哈恩洞穴的情况相似，在那里，大多数猛犸象的年龄都在2岁左右。这种猎杀通常由几头狮子完成，由于狮子无法有效地咬住幼象的咽喉或口鼻部，因而猎杀会持续一到一个半小时。若锯齿虎的上犬齿能够刺穿猎物厚厚的皮肤并致使其大量失血，那么它们在这方面可能更具优势。

弗里森哈恩洞穴中的另一个主要捕食者是恐狼（*Canis dirus*）。这种动物的体形大小与较大的灰狼相当但更强壮，有着硕大的头部和牙齿。然而恐狼除非结成特别大的群体，否则很可能无法牵制住小象并阻止它们回归象群。总而言之，如果猛犸象是被猎杀而非自然死亡的，那么锯齿虎更可能是捕食者（自然死亡似乎不太可能解释如此高比例的幼象个体遗骸）。

但是这些动物的遗骸又是如何进入洞穴的呢？即使是一头幼年猛犸象也不会很轻，象牙齿的存在说明头骨和下颌都被带了进来。狮和豹会把较大的猎物尸体拖到安全的地方，豹甚至会将一些猎物拖到树上，但是大象肯定不在其中。此外，尽管在上一章中我们讨论了锯齿虎门齿的前置现象，但是它的齿列看起来并不适合咬住并拖拽如此沉重的尸体。弗里森哈恩洞穴的猛犸象遗骸很可能是由强壮的恐狼带进来的，如果是这样的话，这些猛犸象遗骸就无助于说明锯齿虎携带尸体以及其他运动行为了。但如果猛犸象遗骸是食腐的恐狼带来的，那么洞里应该还会发现其他种类的猎物，从而为当地的动物群和恐狼的食性范围提供更广阔的图景。简而言之，（恐狼之类）食腐动物具有对单一食物的饮食偏好之说是很难令人信服的。尸体的拆解和实际运输问题仍然值得注意，因为我们很难相信尸体是被整个拖进洞穴的。但是我们也没有更好的解释，似乎只能相信这是锯齿虎将遗骸不断堆积的结果。基本可以确定的是，如果锯齿虎是真正的捕食者，那么它单独行动的可能性非常小[1]。

猎杀

狼、斑鬣狗等大型食肉动物往往会在放倒猎物后直接开始食用猎物进而使其死亡。猫科动物则不同，它们倾向于先杀死看中的猎物，然后才会开始享用大餐（图5.13和图5.14）。在图中，我们也可以看到斑鬣狗和狮子的头部及前肢的比较解剖学特征是如何体现上述差异的。猫科动物的大爪和强有力的前肢非常适于抓捕猎物，它们在将猎物摔倒至一个合适的姿势时，牢牢抓住猎物，然后利用犬齿给予致命一击。鬣狗类和犬类没有大而可伸缩的爪，同时犬齿也不那么发达，因此群体的绝对数量通常是它们放倒猎物最重要的因素。

---

[1] 在本书的手稿完成以后，柯蒂斯·马里恩和塞莱斯特·埃尔哈特发表了一篇关于弗里森哈恩猛犸象遗骸呈现的模式以及骨骼伤痕的详细讨论。他们得出的结论是，在这些模式中，有相当多的证据表明，幼年猛犸象尸体是被锯齿虎拆解之后搬运到洞穴中进食的。——原书注

图5.13 犬类和鬣狗类是如何捕获猎物的

这两幅图阐明了犬类和鬣狗类在捕猎方式上与猫科动物的差异。犬类和鬣狗类仅有着中等大小的犬齿和不能伸缩的短爪。尽管在个头上不及最大的猫科动物，但它们也能捕获非常大的猎物——就像狼群对付驼鹿一样。成功通常要归功于它们长时间追逐的耐力，再加上通过绝对数量的优势将筋疲力尽的猎物击倒的技巧，正如图中场景所展示的。在大多数情况下，犬类和鬣狗类通过撕咬来杀死猎物。

　　不同大小的猫科动物在面对不同大小的猎物时采取的捕猎方式是不同的，正是这一点使我们看到了先天和后天行为模式之间最明显的相互作用。养过小猫的人都知道，家猫从小就喜欢追逐任何移动着的物体，在找准目标后，它们会蹲

图5.14 猫科动物是如何捕获猎物的

与犬类和鬣狗类不同，猫科动物通常是单独狩猎的（尽管狮子是集群狩猎，其他大猫也可能以家庭为单位行动）。它们通过追踪及相对短距离的冲刺来抓捕猎物——猎豹除外，它有自己独特的捕猎方式。小型猫科动物可能通过咬颈的方式来对付小型猎物。大型猫科动物则可以对付非常大型的猎物，在触到猎物后，与其进行缠斗。长的爪子帮助它们抓紧猎物，而长的犬齿则可以刺进猎物的咽喉部，或者让猎物窒息而死。因此，在猫科动物开始进食前，猎物通常已经死亡。

伏、扭动后半身缓慢前进，然后猛地扑向目标，这一系列精妙的动作不由让观者拍案叫绝。在抓住目标物体后，它们似乎就不太确定该怎么办了。在捕猎过程中，猫科动物会本能地瞄准猎物的颈部区域（如果猎物有颈部），但如何高效地捕获那些运动着的活物并选择最佳的咬杀方向，可能与母亲的指导相关。我们之前提到过，雌性猫科动物有带回活体猎物的习惯，以此来让它们的幼崽练习捕捉和猎杀，它们正是通过这种方式来引导和开发幼崽捕猎的本能。

动物的猎杀本能可能会给人留下捕食者肆意滥杀的印象。我们大多数人都听说过这样的故事，狐狸会出于杀戮本能在鸡圈里大肆屠杀，造成的伤亡远远超出了它们食用所需，我们甚至也会在对滥杀的解释中找到共情，并在之后响应消灭这些捕食者的呼吁。据观察，斑鬣狗在面对数量过剩的瞪羚幼崽时表现得和鸡圈里的狐狸如出一辙，并且人们很早之前就注意到美洲狮会随机而毫无目的地屠杀家畜。显然，在上述各种情况中，动物的杀戮本能均受到了激发，但不是由饥饿引起的。据观察，如果狮子和猎豹在进食时被其他动物所打扰，其捕猎反应会立刻被激发，它们会放弃进食眼前的猎物而改去追逐打扰到它们的动物，尤其是那些还在奔跑的动物。

对于小型猎物，捕食者只需要在它们颈部后方咬上一口就足够了，长长的上犬齿会刺入猎物的颈椎并切断它们的脊髓。据观察，美洲豹（图5.15）在面对大小适中的猎物（如水豚）时会采用一种更为复杂的捕猎方式，先将猎物的头部叼在嘴里并用上犬齿探寻猎物的耳朵，然后再咬入脑颅。

如图所示，美洲豹经常会咬住水豚的头骨，从耳区咬入大脑。这种猎杀技术的成功取决于犬齿的精确定位。

　　对于大型猎物，尤其是大型有蹄类动物中长着角的家伙，捕食者需要采取不同的猎杀方式。例如，狮子惯用的技术是咬住猎物的咽喉部位，或者简单地用嘴巴封住猎物的口鼻处，如图5.16所示。猫科动物可以有力地将自己挂在猎物的颈部和肩部，因此，即便猎物站立着，它们也可以在猎物的适当部位予以致命一咬。在上面两种猎杀方式中，猎物的死因均是窒息，而非通常所认为的大量创伤和失血。当然，如果狮群中其他成员也参与猎杀，那么当猎物被真正放倒时，可能会有多达6头狮子蜂拥而上，以便同时攻击猎物身体的多个部位。但即使到那时，其中的某头狮子也会将有蹄类的头或颈部作为首选的攻击目标，一旦猎物倒在地上，狮群中的另一个同伴可能会瞄准同一位置加入咬杀。对猎杀过程的描述

图5.16　一头狮子正死死咬住羚羊的吻部

这种猎杀方式相对不那么血腥，而且非常有效。

表明，猎物在被放倒时可能或多或少地处于休克状态，虽然有些猎物可能会反抗，但似乎很难持续较长时间。正如前面所说，它们很少能见证自己的死亡过程。

　　与狮子大小相当的虎在单独狩猎时也会采取类似的捕杀方式，而雌虎和它身边的亚成年后代在狩猎时的一些行为与狮群如出一辙。曾有人观察到老虎扭断猎物的脖子并且真的听到了脖子断裂的声音。体形稍小一些的猫科动物，如豹、美洲豹和美洲狮，基本上采用相同的捕猎技术来捕食与它们大小相当的猎物，然而与狮子相比，它们在冲刺并抓捕所选中的猎物之前，会先和猎物尽可能地拉近距离。

　　这些独居性的猫科动物的潜伏追踪技艺将我们带回到因脑容量大小争论而引发的智力和社交潜力的问题上。豹的狩猎技术通常需要一定的智慧以及深思熟虑的策略，不亚于合作狩猎所需。豹不会只在原地等待一些跌跌撞撞路过的猎物，或者以一种快速而直接的方式接近目标猎物。相反，它经常绕着整个有蹄动物群转，似乎在预测这些有蹄动物的移动规律，并在猎物可能经过的地方等候。这些复杂的追踪可能会花费几个小时，它们有时会放弃最初的策略，然后从相反的方向重新开始。

　　印度伦塔波尔（Ranthambore）的虎展现出了复杂的后天习得的独自捕猎技巧（图5.17）。它们喜欢突然冲入水中猎杀正在吃水生植物而毫无防备的水鹿，并因这种壮观的捕猎习性而闻名。但在20世纪80年代之前，还没有人观察到这种捕猎技术，这可能是当地一头绰号为"成吉思汗"的强壮雄虎的发明。我们收集了

图5.17　伦塔波尔国家公园的虎

这幅图展示了印度伦塔波尔国家公园的虎所发明的惊人捕猎技术：一头虎突然冲进水里去捕捉还在浑然不觉地吃水生植物的桑巴尔鹿。

过去两百年间有关虎的文献，均没有提到过这种捕猎行为。在"成吉思汗"去世后，当地的其他老虎学会了这种捕猎技术并流传下来，这也是老虎之间一定程度的社交互动的证据。可悲的是，这一传承可能很快就会停止，该地区偷猎频发，伦塔波尔虎因此濒临灭绝。

猎豹的捕猎技术与前述有很大不同（图5.18）。和许多其他猫科动物一样，猎豹非常善于利用潜伏追踪来靠近猎物，一旦它的移动有被发现的苗头，它会立刻停止运动并进入完全静止的状态。但是，它在最后冲刺中会采取高速追击的模式，冲刺距离通常超过几百米，追逐过程中，猎物（通常是小型羚羊）每一次迂回急转猎豹都会紧紧跟随。猎豹会从250米之外小跑开始追击，这样在自身被发现时已经获得了初始动量。即便如此，猎豹在盯准了选定的猎物后展现出的加速度仍是令人震惊的，就好像可以立刻切换挡位似的。

猎豹对猎物的抓捕是在高速奔跑的状态下进行的，它通常不是跳跃到猎物的背部，而是通过抓住猎物身体后部的一侧，并以一种复杂且协调的肢体动作向后拽住猎物，致使猎物失去平衡，摔倒在地上，乃至翻滚。猎豹运用这种捕猎技术时，会利用其前掌内侧的大悬爪有效地"钩住"羚羊的后腿。由于在最后的抓捕阶段通常会扬起一阵尘土，我们很难在实地精确观察，研究人员拍摄了圈养猎豹的捕猎视频，慢动作影像显示它们在高速奔跑状态下的行动最为有效。在较慢的速度下，它们似乎无法有效地让猎物失去平衡，这可能是因为被追捕的猎物在没有高速跳跃时与地面有更多的接触，更难被绊倒。据观察，经验丰富的成年猎豹

The Big Cats and Their Fossil Relatives　　　　　大猫和它们的化石亲属

图5.18　猎豹的捕猎场景

和其他猫科动物一样，猎豹也会小心翼翼地潜伏靠近猎物（第一幅图），但它不会像豹或狮子那样采用低矮的蹲伏姿势，只是简单地低下头并微屈腿。与猎物的触碰通常是在高速奔跑的状态下进行的，此时，猎豹会用前爪内侧的大悬爪钩住羚羊的后腿使其失去平衡（第二幅图）。

追赶猎物时捕获率大约为70%，几乎是狮子捕食成功率的2倍。

　　作为替代方案，猎豹还可以用两只前爪抓住奔逃中的猎物的身体侧面，将猎物拖倒而非绊倒（虽然也会发生绊倒翻滚的状况，因为抓住和拖拽仍是在相当高速的追逐中发生的）。在猎物被放倒后，家族成员之间的团队合作将变得至关重要，同伴会在猎物重新站起来再次逃跑之前制服猎物。

这种捕猎技术只有在适宜的开阔草原地带才能发挥作用，那里穿插分布着足够的植被，以掩护猎豹进行必要的冲刺。此外，猎物的大小也是一个关键因素。尽管在猫科动物中，大多数成员能够捕获的最大猎物大小都大致与自己相当，但狮子甚或豹仍可以杀死比自身更大的动物，特别是在集群捕猎的情况下。猎豹在成功猎杀的最后阶段，往往已经筋疲力尽——特别是追逐了400到500米以后，它们显然达到了极限。因此，对于猎豹而言，要进行通用的勒颈绞杀，其猎物必须小到可以被轻易制服。于是小体形的瞪羚成了最理想的猎物，它们的最大体重可达50千克，其中猎豹最喜欢的汤氏瞪羚（*Eudorcas thomsoni*）重量不足30千克。这种大小的动物即使在最初被捕后能重新站起身，猎豹也可以轻易将它再次扑倒。一旦瞪羚被扑倒在地，猎豹首选的猎杀方式将是从瞪羚背后横跨到它的肩膀处，以咬住它的咽喉并扭转颈部，这使得瞪羚的头几乎完全转过来面朝着自己的肩膀。这样，瞪羚头上的角就远离了猎豹，其颈部的扭曲也会加剧因撕咬造成的气管闭合。几分钟内，瞪羚就会失去生命，并且在这个过程中少有挣扎。然后，在鬣狗或其他大型猫科动物不可避免地到来之前，猎豹会立即开始进食（见下一节）。

就化石猫类的捕猎行为而言，我们猜测它们会采取大致相同的原则：像虎或豹那样借助较密集的植被，通过追踪和突袭进行捕猎；或者像非洲狮一样在更开阔的地形中通过追踪和相对短距离的冲刺进行捕猎。尽管过去的猎物类群与今天或多或少有所不同，但就当时的大型猫科动物而言，并没有太大的差异。重要的是随着时间的推移，猎物群的总体组成发生了变化，我们将在下一章更全面地讨论这些问题。

我们也可以假设，具有现生代表或现生近亲的化石物种会采取大致相似的捕猎方式。巨大的欧洲猎豹显然不会采用与现代猎豹截然不同的捕猎方式（图5.19）。它们的猎物相当多样，包括许多种类的鹿和高卢斑羚（*Gallogoral*）之类的小型牛科动物。对于这些比现生猎豹大一倍的捕食者来说，这样大小的猎物刚好合适。在北美，有着相似适应性的惊豹属成员会在当地的叉角羚类（pronghorns，属于叉角羚科 Antilocapridae）中找到合适的目标，如图5.20所示。

在很多情况下，猫科动物捕杀的猎物接近其能力的上限，这显然更高效。但若条件不允许，它们只能因地制宜地去捕食所能获得的猎物。在现生猫科动物中，强壮的美洲豹在体格上是最像刃齿虎的。现今生活在伯利兹的美洲豹种群主要捕食犰狳，这种动物身披盔甲，重量不到10千克。对于像美洲豹这样的大猫来说，犰狳似乎不该是主菜，但这就是它们现在在那里所能找到的猎物了。然而，各种大型猫科动物的饮食习性在过去是大不相同的（图5.21）。我们曾记录下几种猫科动物的食性变化：当喜欢吃的动物变得稀缺时，它们会迅速将注意力转移到其他动物身上，尽管有时不见得会成功（图5.22）。这一食性变化策略并不是猫科动物独有的。如果必要的话，斑鬣狗会很乐意将火烈鸟列入其食谱（它们也确

图 5.19 正在攻击原弯羚（*Procamptoceros*）的巨猎豹

维拉方期巨猎豹的巨大体形引发了人们对它捕猎对象的疑问。它的捕猎技术很有可能与现生猎豹类似，这就排除了体形非常大的猎物——成年马和一些大型的鹿似乎超出了它的能力范围。像原弯羚这样的中型羚羊可能是巨猎豹最大的猎物之一，它与现存的羚羊关系密切，但身体更大。

在这幅图中，我们描绘了巨猎豹在全速奔跑时"钩住"羚羊后腿并使其滑倒在地的瞬间。为了追逐像原弯羚这样的中型羚羊或像高卢斑羚这样的大型羚羊，巨猎豹也许不得不冒险进入丘陵地带，但这并不奇怪。现今，一些非洲南部地区的猎豹生活在我们通常想象不到的更不规则的地形中，而雪豹作为山地环境中的高超猎手，身体比例比任何其他大型猫科动物都更接近猎豹。

实因为不择食而出名）。因此，在考虑化石物种时，我们应该意识到这种适应性（图 5.23）。

　　此外，所有猫科动物的捕食行为都会受到当地食肉动物群组合的影响。在现代生境中，我们可以看到很多这样的例子。根据是否存在更优势或同等优势的物

图5.20　正在追捕美洲叉角羚的杜氏惊豹

虽然叉角羚科动物在晚更新世以前具有很高的多样性，但只有美洲叉角羚幸存至今，它被认为是与非洲羚羊相当的北美物种。惊豹实际上是它独立于旧大陆的"孪生兄弟"猎豹演化而来的。对快速跑动的叉角羚的捕猎需求已经为它的演化指明了方向。

图5.21　一头美洲豹正埋伏在马群附近

这幅图描绘的场景设定在晚更新世的智利，展示了一头美洲豹正准备攻击一群短腿的南美土著马。早在更新世末期，马科动物就在美洲绝灭了，只是后来又被欧洲殖民者重新引入美洲，这些体形较小的猎物类群自然会成为许多大型猫科动物的捕猎目标。

图5.22　秘鲁狮群正在围攻一只雕齿兽

图中场景设定在更新世的秘鲁，显示一小群狮子正团团围住一头星尾兽。星尾兽是犰狳和树懒的近亲，它身躯庞大，有着厚重的盔甲。目前还不清楚这种动物是否能足够快速地利用它大而似锤的尾部进行防御，但成年个体厚重的盔甲似乎就可以提供足够的保护。

图5.23　一头美洲狮正准备攻击一对后弓兽

尽管后弓兽这种南美有蹄动物在整体外观上有点像骆驼，但它的鼻骨区域退化缩小了，表明它可能有一个小的长鼻。正如图中设定在更新世玻利维亚的场景所描绘的，这类动物中的年轻个体尤其可能成为美洲狮捕猎的目标。

种，大型食肉动物会相应地改变它们的捕食策略。例如在亚洲，老虎富集区域的豹更倾向于在夜间行动并且往往捕食体形较小的猎物。

我们在下一节中也会展示，在非洲，斑鬣狗的存在迫使当地的豹将猎物带到树上，这种应对策略也会限制豹所能安全捕食的猎物重量。正如乌多·皮纳尔（Udo Pienaar）和格斯·米尔斯（Gus Mills）等人在南非克鲁格国家公园（Kruger National Park）的事例中所记录的那样，相对完整的现代生态系统中几种大型捕食者的共存显然是通过复杂的分配来实现的。这片土地上共有五种捕食者（狮子、斑鬣狗、豹、猎豹和野犬）以不同程度共存，并在食谱上有所重叠。在这种情况下，它们会倾向于利用不同的栖息地，并选择在一天中的不同时段捕食，从而使相互之间的直接竞争以及由此造成的损失最小化。在发生冲突的时候，狮子比其他物种都占优势，鬣狗会盗走猎豹的大部分猎物，而豹倾向于在河边森林活动并有将食物带到树上进食的习惯，因而避免了最恶性的竞争。

对于那些完全灭绝且没有现代近亲的物种，尤其是剑齿虎类的捕猎行为，我们还不甚清楚。在解读弗里森哈恩洞穴的锯齿虎的捕猎行为时，我们已经讨论过遇到的一些难题。但即便如此，我们仍可以遵循一般原则对剑齿虎类的捕猎行为进行推测。例如，长着匕首状犬齿的刀齿巨颏虎是一类体格强健的猫科动物，图5.24是刀齿巨颏虎捕猎马、鹿的一系列复原图，显示这类动物非常善于将猎物摔倒在地，然后利用大而有力的前爪控制猎物，最后就如第4章所讨论的那样极其谨慎地将上犬齿刺入猎物颈部或是深咬一口以杀死猎物。现生猫科动物通常使猎物窒息而死，与之不同，上述匕首型剑齿虎可能会静静等待猎物流血而亡，或者在猎物由于失血变得虚弱时，抓住机会将牙齿更深地刺入猎物的颈部，以防猎物挣扎损坏其上犬齿。撞击造成休克可能是剑齿虎类最擅长的，再加上追逐、捕杀和失血造成的影响，足以确保猎物死亡。

无论如何，像巨颏虎这样的猫科动物所能捕食的猎物最大不会超出大小与之相似（身体构造也相似）的现生美洲豹的猎物，后者食谱中最大的动物是貘、家

图 5.24　巨颏虎捕猎马和鹿的场景

这几幅图展示了巨颏虎可能采用的捕猎技术。最开始，一头巨颏虎正在非常开阔的地带潜伏追踪一匹马，然后它会以短距离的疾跑迅速接近马，最后抓住马的肩部将之摔倒在地（如图 4.40 所示）。一旦将猎物摔倒并牢牢控制住，就很容易对它的颈部制造如图 4.24 所示的那种致命伤害。在马还能站立着挣扎的时候，这样的咬杀对巨颏虎来说是极其危险的。相比之下，对雄性真枝角鹿的捕猎场景显示，巨颏虎很难对付这种猎物，因为巨大的鹿角会非常碍事。

图 5.24（续） 巨颏虎捕猎马和鹿的场景

养的牛和马。

　　食肉动物的牙齿、头骨和脊柱结构的差异可能更多地与杀死猎物的方式（而非猎物的种类）相关。因此，如果我们想要推测某种捕食者可能吃过什么，就必须在它出现的地方找寻适当大小的猎物。例如，在西班牙巴尔韦德镇（La Puebla de Valverde）距今约200万年的最晚上新世地层中，最丰富的物种是波旁瞪羚（*Gazella borbonica*），其次是古马（*Equus stenonis*），再次是多枝克氏鹿（*Croizetoceros ramosus*）。还有一些不太丰富但仍然很重要的动物，如另一种小羚羊扭角瞪羚（*Gazellospira torticornis*）和法氏真枝角鹿（*Eucladoceros falconeri*）以及类似现存斑羚的梅氏高卢斑羚（*Gallogoral meneghini*）。也有少量犀牛和大象存在，不过这可能与我们要讨论的问题关联不大。那么，我们从这个动物群清单中能得出什么结论呢？值得强调的一点是，这个动物群组合非常现代。作为该遗址中最丰富的代表性猫科动物，巨颏虎就像所有现存的大猫一样，必须具备对付一些"常规"猎物的能力，因为在这里它找不到任何古老、行动缓慢而笨拙的动物为食。

　　显然，巨颏虎这类匕首型剑齿虎必须以捕食牛科、马科和鹿科动物为生，尽管我们对当时猎物中各种类的相对丰度一无所知，但可以合理地推想它们的主要猎取对象会是那些较常见的类群。而那里最常见的猎物——波旁瞪羚——对于匕首型剑齿虎来说可能太小又跑得太快，它们更适合于猎豹，后者的痕迹也出现在遗址中。其他猎物则可能是阔齿锯齿虎和在那里发现的两种鬣狗卢尼豹鬣狗

（*Chasmaporthetes lunensis*）和佩里耶上新鬣狗（*Pliocrocuta perrieri*）的搜寻对象。前一种鬣狗形似猫科动物，就身体总体构造和牙齿结构而言更适于吃肉，而后一种则是大型的碎骨型鬣狗，捕猎和吃腐肉都不在话下。因此，巨颏虎可能对在巴尔韦德镇遗址发现的马和鹿最感兴趣，但并不是这儿唯一偏爱这些食物的捕食者。

总的来说，我们可以合理地推想，在狮子大小的锯齿虎和美洲豹大小的巨颏虎共存的地方，前者往往会占据主导地位，迫使较小的巨颏虎转移到栖息地中植被更茂密的地方。而更新世最早期出现的短吻硕鬣狗（*Pachycrocuta brevirostris*）肯定会给以上两种猫科动物带来进一步的生存压力，尤其是巨颏虎。尽管巨颏虎的弧形门齿列可以帮助其拖动猎物，但它可能无法像豹那样将猎物带到树上。

有趣的是，在中国上新世到更新世中期的化石遗址中，我们发现一些异常小的锯齿虎标本与目前所知最大的巨颏虎标本共存。例如，在周口店猿人遗址中，锯齿虎头骨的颅基长度略小于同一地层中发现的巨颏虎。

考虑到锯齿虎相对更纤细的身体构造，我们可以预估，来自周口店的巨颏虎会更重、更强壮，甚至可能扭转两者之间通常的压制关系。无论是何种环境条件造成了这种状况，我们都可以想见，一些因素使得某个巨颏虎祖先在美洲最终演化出了刃齿虎。

最后值得强调的一点是，我们应该避免将单个化石记录中获取的信息解释为该物种整体的典型行为模式，即使结论有时是正确的。我们在上文中已经阐释过，大型捕食者的捕猎行为在总体上有很大的灵活性，因此，无论是丘比国家公园里的狮子捕猎大象，还是马尼亚拉湖国家公园的狮子捕猎水牛，都不能被当成典型的捕猎场景。如果弗里森哈恩洞穴的猛犸象是锯齿虎特有的猎物，那么我们看到的也可能只是一个相对局部性的现象。任何表述都只展示了可能的捕猎战术中的一部分（彩图12和彩图13）。

对猎物的处理

在杀死猎物后，所有捕食者的首要任务就是迅速吃掉猎物，以免引起其他捕食者的注意，防止猎物被盗。对于像狮和虎这样的猫科动物来说，通常其体形已有足够的威慑力，如果是一群狮子就更不会把猎物让给其他捕食者。狮子通常能够从鬣狗那里掠走猎获的尸体，但反过来，它们也会因为鬣狗群和野犬群的围攻而失去自己的猎物，尤其是在只有一两个个体的情况下。

因此，众多捕食者采用的一个策略就是尽可能迅速地吃掉猎物。大型捕食者取食速度惊人，具有非常大的胃容量。尽管动物园里圈养的雄狮每天仅食用5千克肉类，雌狮食用4千克，但在野外，无论何种情况下，只要它们发现了食物，就会尽可能地多吃。在开始用餐后，狮子通常会一直吃到饱。曾有观察记录到一只雄狮在一个晚上吃掉了33千克的肉，而4只雌狮则在5个小时内几乎吃光了一整头雄性斑马。在进食一段时间后，几乎可以肯定其他饥肠辘辘的动物（尤其是鬣狗）已经发现了尸体，想要守住猎物会变得愈加困难。这时，我们可以看到集群捕猎的明显优势——可以放倒大型动物。虽然需要与同伴分享食物，但它们可以快速而完全地吃掉猎物，而不用长时间看守等到以后再食用，也不用花太多精力去驱赶其他食腐动物。相比之下，老虎在争夺猎物尸体时面临的竞争要小得多，它们倾向于尽可能多地吃掉猎物，但也可能花几天的时间守在尸体旁边慢慢享用。

尽管猎豹每天可以只吃5到6千克的肉类，但它们也是一类速食者，因为大多数前来掠夺猎物的捕食者它们都无法对付。它们通常只能从猎获的尸体上吃到一顿美食，而且吃的时候得时不时停下来观察周边的情况。有时甚至面对最弱小的竞争对手，它们也会被夺去猎物。大型雄性狒狒配备有可怕的獠牙，两个或更多雄性狒狒联合起来攻击，赶走单只猎豹乃至由母豹和亚成年豹组成的群体都绰绰有余。参照这些动物从猎豹口中轻松夺取食物的场景，我们就能想象人类最早的祖先是如何在两百万年前的非洲大草原上获取肉食的。

在防止猎物被盗这方面，豹的处理方法是最卓越的。就体形大小而言，豹非常强壮，这一点也表现在它将猎物尸体藏到树上以免被四处抢夺食物的鬣狗打扰的习性上。如果必要，豹可以托起超过其自身体重的猎物。在树上，它们能安静地享用美食（图5.25），在12小时内吃掉约18千克的肉。

我们很难弄清过去的其他物种是否也有将猎物藏到树上的行为，尽管这种策略确实非常有效（图5.26）。但根据鲍勃·布雷恩在南非约翰内斯堡附近的斯瓦特克朗斯猿人（Swartkrans）遗址的发现，我们可以非常肯定，豹在过去的几百万年

图 5.25　一头豹正在将狍子的尸体叼到树上

图中场景设定在欧洲的晚更新世时期，展示了一头豹正在将一只狍子的尸体叼到树上，以免引起斑鬣狗群的注意。在将猎物尸体置于安全的地方后，它就可以从容享用了。

里一直是这样做的。在这个洞穴遗址中出土的骨骸（包括猿人自己的）显示出的损伤模式与豹大小的猫科动物造成的破坏非常相似。作为遗址中最常见的大型捕食者，豹曾在该地区频繁地进行捕猎活动。如今在这个地区，树木多数生长在洞穴入口处的小土坑里，任何被携带到这些树上的动物骨骸都会自然地掉到地上并落入洞穴（图 5.27）。

图 5.26 非洲剑齿虎以及被带到树上的一具小型猪类尸体

这幅图展示了我们在复原时碰到的许多难题。图中，我们描绘了在早中新世利比亚杰布勒宰勒坦（Gebl Zelten）地点，一只身形较小的非洲剑齿虎将一具猪类尸体带到了树上，以躲避两头大型肉齿目动物碎骨伟鬣兽（*Megistotherium osteothlastes*）的袭击。显然，我们没有关于这种行为的直接证据。另外，这种猫科动物的分类位置还无法确定。一些学者认为它是后猫属的一员，而另一些学者把它归入了假猫属。

图5.27 将古人类尸体带到树上后四处观望的豹

将猎物藏在那些生长在洞口的树上可以帮助豹躲避鬣狗的侵扰。当猎物尸体被拆解后，吃剩的骨头就会掉入洞中，并被保存在洞穴沉积物中。

剑齿虎类的巨大犬齿势必给它们带来一些约束，影响它们对猎物尸体的处理方式并限制其运输重物的能力，正如前文在提到猛犸象与锯齿虎相伴出现在得克萨斯州弗里森哈恩洞穴中的情况时所讲到的。在现存的大型猫科动物中，我们可以看到，它们的门齿相对较小，下门齿在两个下犬齿之间排成一直线。但它们的上门齿通常长在上犬齿的前面，以便与上犬齿一起运作，撕扯猎物的肌肉和内脏。然后，它们转为用侧面的裂齿割下一块肉并将其吞下，我们拍摄到的老虎进食的影片显示它们就是以这种方式来处理猎物尸体上的肉质。在大多数剑齿虎类中，巨大的上犬齿会在一定程度上限制裂齿的功能，在撕扯肉质时也难以发挥作用。但剑齿虎类的上犬齿位于增大的以弧形排列的上门齿的后方，这意味着它们仅利用门齿就可以撕扯下猎物尸体可食的部分，并将肉撕成可供裂齿咀嚼的大小，就像现生猫科动物所做的那样（图5.28）。前部齿列的这种特征也见于恐猫属中，尤其是牙齿最特化的皮氏恐猫。

图5.28（下页图） 用裂齿撕咬的刃齿虎

为了从猎物身上撕下大块的肉，现存的大型猫科动物通常会利用裂齿从侧面进行撕咬。在这种类型的撕咬中，上下颌不需要张开太大，因此，即使现生猫类的上下犬齿相对较短，它们的尖端之间也几乎没有间隙。这表明剑齿虎类的大犬齿不会给取食活动带来很大阻碍。现生猫类在放松状态下，它的嘴壁通常覆盖着裂齿，但额肌和/或降口角肌的轻微收缩就足以使裂齿露出来，这样动物就可以用它的裂齿直接切咬肉块。类似的情况可能也见于刃齿虎，它的头骨比例表明，它可以很轻易地使用裂齿撕咬猎物的尸体，正如图中所示。

6

变化的动物群

我们之前提到，曾经在地球上生活过的大多数物种现在都绝灭了。我们可能需要一些时间才能理解这一惊人的事实：我们周围看到的动物和许多植物都是地球上的新面孔，甚至人类自身也是如此。在大约700万年到500万年前，灵长类的演化发生了重大变化，人种或类人种与其他灵长类亲属在短时间内迅速产生了分异。如果我们将上述数字乘以5，就能得到猫科动物的演化历程，可见灵长类的变化之大。根据我们在世界各地的化石记录中看到的，500万年前，地球上还没有出现任何一种现生大猫。在非洲，剑齿虎类和被称为伪剑齿虎类的恐猫属是当时仅有的大型猫科动物。欧洲、亚洲和北美也是如此。一如之前所提到的，南美洲和澳大利亚有其独特的动物群，它们以自己的方式独立地演化着。

那猫科动物的变化是否非常特殊呢？在此，让我们来揭开背后的真相。首先，在过去几百万年间，整个哺乳动物群都发生了巨大变化，猫科动物只是其中一员。在500万年前的中新世和上新世之交，同样在那些地方，如果你将那些大型哺乳动物群视为一个整体，就会发现没有一个物种延续至今。其次，哺乳动物群在相对短时间内的快速演化，在化石记录中也并不独特。恐龙在地球上生活了数百万年，在那个时期，许多物种也是相继出现又消失，因此对化石历史更为详细的研究将显示出同样的动物群更替现象。

为何会出现如此巨大的变化？毫无疑问，历史的偶然性发挥了作用，相对局部性的事件，如火山爆发、地震和其他类似的自然灾害，将决定我们在化石记录中所看到的变化模式。区域性绝灭可能正是这些事件造成的。在岛屿上，生物因素如物种的突然入侵，可能会对当地的动物或植物群产生不利影响。但是，正如南非古生物学家伊丽莎白·弗尔巴（Elisabeth Vrba）所言，长时间尺度内的大规模演化事件——绝灭、成种以及分布模式的变化，最有可能的推动力就是气候变化引起的环境改变。

气候变化理论很容易被证实，因为这样的演化机制会在化石记录中留下清晰的印记：主要的演化事件会聚集在一起，并与环境的重大变化相关联。此外，能够适应多种环境的生物在应对环境变化时将表现出较弱的反馈。因此，我们在讨论动物群变化模式时，应该首先关注古往今来气候变化的一些主要决定因素。

气候变化

我们倾向于认为气候是比较稳定的。天气可能会改变，但我们往往将其视为暂时的，最多是季节性的现象。在现今的大多数情况下，这个观点是合理的，不过当我们开始研究数百万年时间尺度的气候时，它就具有很强的误导性。真实的气候变化模式是复杂的，其主要特征随地质历史时间的推移而不断发生变化。

这种气候变化模式牵涉到两个重大且相互关联的因素。首先，由于陆壳运动、山脉形成和风化侵蚀，地球的地貌一直在发生变化（图6.1）。在1亿年以前，南美洲、非洲、南极洲和南亚次大陆组成了一个超级大陆冈瓦纳古陆（Gondwanaland），而欧亚大陆组成了第二个超级大陆劳亚大陆（Laurasia）。直到

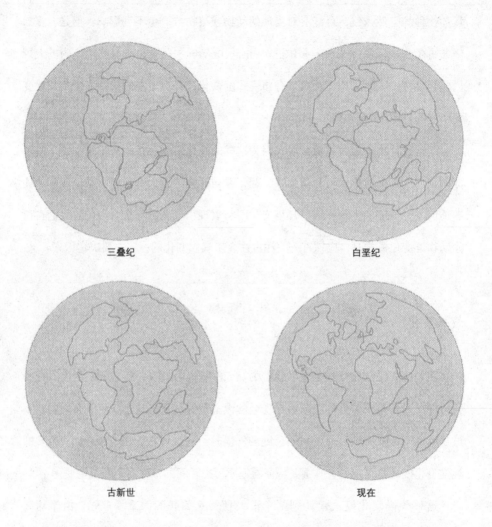

三叠纪

白垩纪

古新世

现在

图6.1 大陆漂移

这四幅图分别显示了三叠纪、白垩纪、古新世及现今各大陆板块的地理分布。

The Big Cats and Their Fossil Relatives   大猫和它们的化石亲属

大约1亿年前，冈瓦纳古陆在板块运动的影响下开始分裂并移动到了现在的位置。这些板块运动改变了海洋的结构，从而对海洋的温度梯度、风和洋流产生了深远影响。其中一个最重要的影响是，南极洲大陆移动到了它如今的位置，即地球的南极地区，这一块巨大的陆地为日后冰盖的积累提供了条件。

第二个因素是地球轨道的周期性改变所导致的地球接收到的太阳能的变化。这些周期性变化包括三个要素（图6.2）。首先是地球公转轨道形状的变化，从偏圆形的轨道到椭圆形，然后再变回圆形，这一周期时长为10万余年。轨道越接近椭圆形，同一半球的季节对比就越明显，因为季节变化源自这一地点距离太阳远近的变化。其次是地球自转轴倾角的变化，这一角度在21.5°和24.5°之间波动，以41 000年为一个周期。倾角越大，南北半球的季节差异就越大，因为地球的某一部分要么靠近太阳，要么远离太阳。第三个要素是岁差，由地球自转轴的摆动引发，以23 000年为一个周期。这种摆动决定了地球轨道上的某个点离太阳更近或更远，从而引起季节更替。简单来说，类似旋转的陀螺，地球的旋转轴不是完全固定的，而是轻微、可变的倾斜旋转，当陀螺开始减速时，可以看到旋转轴以这种方式摆动。

随着轨道的变化，地球在一年中接收到的太阳能会相应地增强或减弱。无论在何种条件下，气候都会受到影响，而在具体的气候模式中，地理因素开始发挥重要作用。由于各大陆的分布位置不同，位于南极的南极洲、北极圈内的陆地以及高海拔地区能够形成冰盖。这种冰雪堆积仅仅是因为夏季的温度不够高，每年

变化的动物群

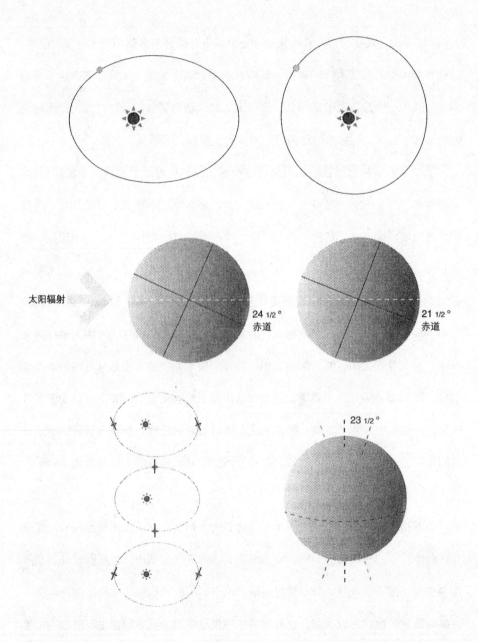

太阳辐射

24 1/2 °
赤道

21 1/2 °
赤道

23 1/2 °

図6.2（対页图） 轨道变化

随着时间的推移，地球轨道会发生变化，接收的太阳能也相应发生改变。

上：轨道偏心率。随着地球绕太阳公转轨道形状的变化，季节对比会相应地增强或减弱。

中：地球自转轴（地轴）与公转轨道面的交角。这种交角产生了季节对比，当南/北半球靠近太阳时为夏季，远离太阳时为冬季。随着地轴倾斜程度的降低，两极地区在夏天接受的光照也会相应地减少。

右下：地轴的进动。这有助于产生"岁差"（左下），轨道的形状使地球在公转时与太阳的距离不断变化，地球夏季和冬季的气候完全取决于这种变化。因此，如果北半球在地球离太阳最远的时候向太阳倾斜，夏天就会相对较冷。

没有足够长的时间去融化冬季的降雪。因为太阳能的输入是周期性的，它们引起的气候变化模式也可能是周期性的。在相对较近的地质历史时期，地球经历了许多冰川时期。过去的80万年间，几乎每10万年就有一次寒冷的冰期出现，这种周期性模式可以一直追溯到250万年以前。间冰期（冰川消退的时期）很短，可能只有1万年。我们现在就处于间冰期，而它已经持续了大约1万年！

需要再次强调的是，大陆积冰区域的适当分布组合是使这一冰期—间冰期旋回保持平衡的重要因素。地球轨道的变化是一直存在的，但仅有轨道变化还不足以形成这种旋回。只有各大陆分布在适合的位置上，陆地上的冰才能形成重要的冰盖，也只有在这时，洋流才能在变暖和变冷的气候模式中发挥作用。如果大陆一直处于现在的位置，那么在过去，我们应该每10万年左右才有一次冰期，然而，我们知道事实并非如此。地球在其他时期也存在过冰期，但都是在条件适宜

变化的动物群

的时候。

在世界上许多地方，我们可以从周围的地貌上寻觅到冰川运动的痕迹：一种来自冰川本身的直接运动，即冰川移动时留下的擦痕；另一种则来自寒冷造成的土地冻结所留下的痕迹。但是，有关冰期旋回次数的证据会在陆地沉积中被自然因素破坏，因为后期的事件将抹去早期事件的线索。但海洋沉积物中保留有特殊的情况，在那里，海洋生物的遗体在死亡后被保存了下来——有孔虫（小型海洋生物）壳体的碳酸钙成分来源于海水，壳体的化学组成能够反映其形成时海水的温度和盐度。目前尚不清楚每一次冰川扩张运动的确切诱因，但很可能与地球轨道的变化有关，后者将导致季节对比性增强并由此影响海水的盐度和环流。北大西洋暖流是大西洋中向北流动的高盐度洋流，该洋流在流动时会散失掉自身热量，沉入海底深处，再向南回流，使得北半球在冬季保持温暖。任何对该洋流的干扰都将导致北半球显著降温，从而降低夏季的温度，并使冰川积聚。来自深海岩芯的证据表明，冰川时期正好发生了这种对洋流的干扰。

冰期和间冰期之间在极盛时究竟有多大的差别？可以用几个数字来说明。目前对每一次冰期的最大冰进量的估测表明，由于水被冻结在陆地冰盖中，全球海平面可能下降130米，欧洲7月的平均气温则可能下降10到15摄氏度左右。1月的平均气温将下降20摄氏度，这意味着如今仅分布在高纬度地区的冰川冻土和苔地在当时占据了欧亚大陆北部与北美的大部分陆地。随着海平面的下降，海岸边缘的陆地暴露了出来，英国和欧洲大陆之间、东亚和北美西部之间均出现了陆桥，分别横跨原先的英吉利海峡和白令海峡（图6.3）。

这些是过去约100万年间气候变冷的极端情况。但在猫科动物演化的3000万年历史中，也可以观察到全球气候变冷的总体模式，时间可以追溯到冈瓦纳古陆解体，其诱因为海洋热梯度和洋流的改变。

图6.3　冰川效应

这幅图展示了冰川极盛期典型的冰盖扩张和陆桥的形成，特别是亚洲和北美之间的陆桥。白色为冰盖，黑色为现在的陆地，灰色为冰盖扩张过程中，因海平面下降而暴露的区域。

过去的1000万年

我们已经知晓的是,猫科动物的历史可以追溯到约3000万年前的渐新世。那时各大陆的地理位置与现今仍存在很大的不同:南美洲、南极洲和澳大利亚是完全孤立的,非洲与欧洲大陆之间的联系甚少。

在晚渐新世和早中新世时期,在欧亚大陆上生活的主要大型食肉动物为犬熊类(图6.4)及半熊类。犬熊类的骨架兼有熊形和猫形的适应特征,而它们的牙齿特征却明显与犬类更加类似。对于这个解剖难题,可能的解答是:它们是食肉动物中的多面手,能够主动捕猎,但也能食腐甚至吃植物。犬熊在中新世晚期绝灭,最晚的化石记录可能来自西班牙的塞罗巴塔略内斯。这些动物是欧亚和非洲大陆的捕食者群体中的一员,该群体还包括一类肉齿目动物鬣齿兽,它们是巨大且善于奔跑的猎食者和食腐者,拥有陆地食肉哺乳动物中最大的头骨,长度可达60厘米。

在渐新世时期,植物和动物间的生态联系以一种复杂的方式改变着,而到了中新世,由于草原的扩张以及有蹄动物食草适应力的增强,动植物生态关系的变化速度加快了,导致反刍动物多样性激增,从而能够更充分地利用植物资源。很多动物演化出了高冠型齿,适应在开阔地带奔跑的身体结构也更为常见,例如直到中新世最早期才出现的牛科、长颈鹿科、鹿科和叉角羚科动物。相比之下,奇蹄目动物(今天由马、犀牛和貘组成的具有奇数蹄的动物)在始新世时期具有最

图6.4 大犬熊（*Amphicyon major*）生前外貌复原

根据产自法国早中新世桑桑遗址的化石材料所绘。这种动物和现在的棕熊差不多大，并和现生熊科动物一样拥有强有力的前肢，但后肢和背部更长，有点像猫科动物。总体而言，与熊科动物相比，这种动物具有更强的跳跃能力。长而强健的尾巴有助于在跳跃时保持平衡，不难想象大犬熊会是一类相当积极的捕食者。它们的牙齿和狼的很像，表明它们的食性也很相近。犬熊在晚中新世就绝灭了。

高的多样性，随后数量开始衰减，但奇蹄类成员形态各异，包括中新世的小型马类、非常巨大的犀牛，同时一起生活的还有爪兽。爪兽是一类庞大并长有爪子的有蹄类动物，按现在的标准来看，它的外形十分怪异（彩图14）。它的四肢比例常被认为与大猩猩的相似，可以用较短的后腿站立并用爪子抓取高处的叶子为食。爪兽的绝灭很可能与马和犀牛的奔跑能力增强有关。

　　由于原猫较小且可能大部分时间在树上活动，因此，原猫属最早的成员能够捕捉的猎物明显不同于现生类群。直到体形更大的假猫出现，大型猫科动物才开始陆续登场，其中最大者可达到现生美洲狮大小，并且从骨骼上可以看出，它们的地面活动能力也有所增强。

但是，我们所知道的绝大多数猫科动物都出现在过去大约1000万年间，因此我们将集中讨论这一时间段。在这一时间段内，我们可以指出三个重要的全球性气候事件，它们在全球变冷的趋势中非常醒目。第一次气候事件发生在距今650万年到500万年间的中新世末期，那时南极冰盖大规模扩张，全球海平面降低，又伴随着直布罗陀海峡地区的局部地壳隆起，导致地中海完全封闭。封闭发生后，地中海的水分开始蒸发，水体中的盐浓度极高，大量的盐产生沉积。干涸的地中海形成了一条连通欧洲和非洲大陆的道路，一直持续到约500万年前，使得动物能够在欧洲西南部和北非之间进行大规模的迁徙。

第二次气候事件发生在距今320万年到250万年间，以冰岛冰川的形成为开端。这一时期的北欧孢粉记录指示了降温周期，地中海地区也有典型的夏季干旱气候的记录。与此同时，北美和南美大陆相连通一直到今天。虽然这更像是一种地理而非气候事件，但同样对两大洲的动物群都产生了巨大的影响——两个大陆之间大规模的生物交流成为可能。有证据表明，在大约250万年前，北半球首次出现了大面积的冰川。不同于南极地区，北极地区本身没有陆地，难以形成北极冰盖，而北半球冰川的形成似乎通过洋流与南极冰川事件产生了关联。正是在这个时候，我们找到了典型冰期—间冰期旋回发生的证据。320万年前开始的气候变化事件似乎在250万年前达到顶峰。最后，第三次事件发生在大约90万年前，气温开始下降，真正的冰期—间冰期气候转换模式出现，这一时期气候的变化幅度极大。

这些事件都或多或少地影响了陆生哺乳动物群的组成和分布，有时是区域性的，有时是全球性的。诚然，动物群的变化最终是由气候驱动的，但气候事件发生的确切时间、各个事件发生的顺序以及各个地区动物群的具体组成也有重要影响。随着冰盖的变化，海平面上升或下降，陆桥时隐时现，动物在不同大陆之间扩散、交流。亚洲和北美大陆之间的白令海峡就是一个范例——许多北美物种似乎都起源于旧大陆。换句话说，大的环境变化事件可以被看作动物群变化的必要条件，但并不总是充分条件。同一物种的不同种群生存的环境会因地理位置的不同而有所不同，特别是对于大型捕食者来说，只要有充足的食物，它们对环境就具有较强的耐受力。因此，虽然剑齿虎类在大约1.5万年前就在非洲地区绝灭了，但在欧洲和亚洲地区，锯齿虎可能又继续存活了100万年。直到最后一次冰期，它才在北美地区最终绝灭（彩图15）。常见于南、北美洲的刃齿虎也是在最近2万到1万年前才绝灭的。

现在让我们分别以这三次气候事件的环境变化为背景，来看看世界各地哺乳动物群的一些变化模式。

欧亚和北美大陆中新世末期的气候事件

我们已经提到过，大规模板块运动形成了阿尔卑斯山脉和喜马拉雅山脉，并使青藏高原抬升，非洲、欧亚和印度板块之间的海路也逐渐关闭，使得欧洲和亚洲的地理位置在中新世时期发生了极大的变化。最终地中海成为了一个内陆海，与印度洋彼此分离，当地壳运动导致直布罗陀海峡闭合时，地中海最终干涸。在整个过程中，冬季的寒冷和夏季的干旱导致开放林地逐渐扩张，而这些变化无疑都与自然地理位置的改变有关。

距今1000万年到500万年间的晚中新世，在欧洲以一类特殊的哺乳动物群的出现为标志，通常被称为吐洛里期，以西班牙的特鲁埃尔区命名。吐洛里期可以被看作开阔环境动物群发展的最后巅峰，但同时我们也应该意识到，它仅体现了晚中新世哺乳动物群落区域多样性的一个方面。例如，根据尼科斯·索洛尼亚斯（Nikos Solounias）和贝思·道森-桑德斯（Beth Dawson-Saunders）的一项出色的研究成果，希腊萨莫斯岛的哺乳动物群中居然出现了栖息于森林或林地环境的反刍动物。总的来说，晚中新世时期的欧亚动物群比任何现代的热带草原动物群都要丰富得多，尤其是大型物种，如长鼻类和长颈鹿类。唐纳德·萨维奇（Donald Savage）和戴维·拉塞尔（David Russell）在对古哺乳动物群的整理工作中也强调了这一点。图6.5和图6.6展示了吐洛里期动物群中的一些典型物种。然而，在500万年前之后的上新世初期，出现了一些由开阔环境重新回到森林环境的迹象，哺乳动物群的组成也发生了相应的变化，这个时期通常被称为路西尼期（Ruscinian）。这种转变非常重要，吐洛里期的陆生哺乳动物大约有178属，但其中122属（68%）没有出现在上新世最早期。事实上，大约13%的欧洲陆生哺乳

The Big Cats and Their Fossil Relatives   大猫和它们的化石亲属

图6.5　吐洛里期地中海地区的食肉类

从左至右：大型印度熊（*Indarctos*），形似狗的小型鬣形兽（*Hyaenotherium*），大型碎骨型副鬣狗（*Adcrocuta*），大型剑齿虎，中型副剑齿虎。每个小方格的边长为50厘米。

动物（科一级）在那时都绝灭了。

不出意外，食肉类动物也受到了这种转变的影响。在欧洲，有12种鬣狗科动物和6种猫科动物相继消失。包括一些较小型的猫类，如副剑齿虎属和后猫属的成员，另外还有三个属于剑齿虎属的大型猫类。同时，这些猫科动物的一些潜在猎物也步入了绝灭的深渊，其中就包括吐洛里期牛科动物（羚羊），其数量从大约60种减少到了上新世早期的8种。我们应该认识到羚羊、猫类和鬣狗动物群的变化是与环境变化相互影响的结果，而不是生命史上一系列看似随机而孤立的事件。

对亚洲来说，要解释最晚中新世和最早上新世之间真正的变化程度是非常困难的，因为化石产地的数量和分布存在很大差异，暂且不说其年代和鉴定的可靠

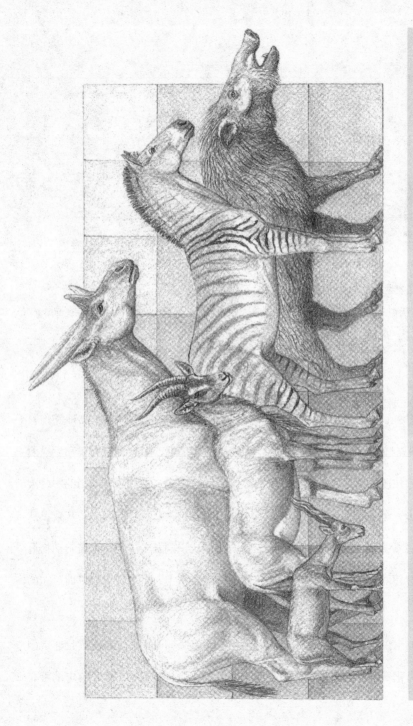

图 6.6 吐洛里期地中海地区的有蹄类

从左至右：小型古羚（*Paleoreas*），大型长颈鹿类鹿类布氏麟（*Birgerbohlinia*），中型羊角牛羚（*Tragoportax*），三趾马（*Hipparion*），弱獠猪（*Microstonyx*）。小方格边长为 50 厘米。

性。从表面上看，亚洲动物群似乎发生了相当大的改变，程度可能与在欧洲所见的类似，牛科动物和其他有蹄类动物的多样性显著减少。

此时的非洲，虽然在动物群组成上并没有发生欧洲那样的巨变，但有迹象表明，当时植被发生了变化，牛科动物出现了一系列显著的演化事件，包括迁移、绝灭和新种形成。然而，在中新世末期，北美动物群发生了与欧洲动物群相似规模的变化，其中74%的属和18%的科绝灭了。图6.7和图6.8展示了亨普希尔动物群的典型成员。美洲猫科动物的改变以科罗拉多剑齿虎的绝灭以及上新世锯齿虎和巨颏虎的出现为标志，并伴随着犬科动物数量的减少和北美唯一的鬣狗碎骨豹鬣狗（*Chasmaporthetes ossifragus*）的首次出现。对于北美中新世末期的猎物类

图6.7　北美亨普希尔期的食肉类

从左至右：碎骨型豪食犬类食骨犬（*Osteoborus*，目前一般认为是豪食犬 *Borophagus* 的同物异名），郊熊（*Agriotherium*），碎骨型近犬（*Epicyon*），猫猫类巴博剑齿虎，剑齿虎。小方格边长为50厘米。

图6.8 北美亨普希尔期的有蹄类

从左至右：叉角羚类岩羚（*Cosoryx*），形如长颈鹿的古骆驼（*Aepycamelus*），倭三趾马（*Nannipus*），新三趾马（*Neohipparion*），西猯类原壮猯（*Prosthennops*）。小方格边长为50厘米。

群而言，一些主要变化包括马科动物的种类减少，以及在上新世最早期，真马属（现代马就属于这个类群）动物首次出现。在那时，北美还没有羚羊，它们的生态位被一种称为叉角羚科的动物所占据，而叉角羚对于大型食肉动物来说，同样是充满吸引力的食物来源。

因此，中新世末期是陆生哺乳动物群演变的最重要时期之一，尤其对于食肉目动物来说。在欧亚大陆，我们可以看到在鬣狗科动物当中，犬形类型减少了，这些类群的齿列并不特化，而新出现的一些类群则具有碎骨型的巨大牙齿。鬣狗科动物的这种演化趋势最终与犬科动物在数量和生态重要性上的增加相匹配，这种发展趋势后来也出现在非洲。拉里·马丁曾指出，像犬科动物这样集群狩猎的行为很可能是上新世—更新世时期才发展出来的。在开阔地形生存的食草动物的种群结构不断发展，可能引发并促进了这种行为模式的改变。然而，与之相反，我们必须指出的是，中新世时期外形与犬类更接近的鬣狗可能已经采用了某种形式的集群狩猎，而该时期偶蹄类中的反刍类动物的演化辐射，尤其是羚羊和鹿所发展出的越来越精巧复杂的角，可能导致了种群结构的改变，从而驱使食肉动物演化出了这种集群狩猎行为。

因此，我们在上新世最早期看到的是一个组分不同的群体的出现，尽管它们的起源可以很清楚地追溯到中新世时期。上新世最早期的大型猫科动物，包括所有的剑齿虎类，大多特化为纯肉食，为了将犬齿的损伤降到最低，它们在捕猎时会紧紧抓住猎物。而鬣狗科动物已经开始显示出一种咬碎骨头的特殊能力，因此在必要的时候，它们可以通过吃尸体来维持生存。有趣的是，鬣狗科中还有另一大类群在整个上新世时期一直延续下来，那就是善于奔跑的豹鬣狗。

过去 320 万年到 250 万年间的气候变化事件

在欧洲，这一降温时期的开始与被称为维拉方动物群的出现有着广泛的联系，这一动物群名称源自意大利西北部都灵市附近的维拉方卡地区。与早前的路西尼动物群相比，维拉方动物群的组成并没有完全发生改变，许多森林物种仍继续生存在树木繁茂的环境中。那时真象类动物还未出现，尽管长鼻目动物中相关的两个科玛姆象科（Mammutitidae）和嵌齿象科（Gomphotheriidae）的成员已开始具有典型的以吃树叶（而不是吃草）为生的牙齿特征。维拉方期的鹿类动物则更丰富，其中较进步的类群通常体形更大，同时出现的还有牛科和犀科的一些新类群。早期的原始马类三趾马（*Hipparion*）是比较稀少的。新出现的食肉类动物包括欧洲猎豹、阔齿锯齿虎、刀齿巨颏虎以及豹鬣狗，可能还有较大型的佩里耶上新鬣狗。后者于大约400万年前首次在亚洲出现，如同大个头的棕鬣狗，这类动物或许已经找到了一个很好的生存方式，那就是捡拾猫科动物吃剩的猎物残骸。

与佩里耶上新鬣狗不同，卢尼豹鬣狗是一种身形纤巧的动物，更接近它在北美的近亲，能为它的食腐同类提供诱人的猎物残骸。图6.9和图6.10展示了地中海维拉方动物群的成员。

北美维拉方早期的地层中并没有发现确凿的化石记录，因为许多地点都缺乏良好的测年证据（见下文）。但是，在大约320万年前，南、北美洲的连通对南美洲产生了重要的影响。在随后的一段时间里，北方动物群的众多成员相继在南美洲出现，包括巨颏虎和刀齿虎，以及后期的美洲豹、美洲狮，甚至是狮子。同时南方的一些动物类群开始向北迁移，如负鼠、犰狳和地懒，但是有袋类食肉动物似乎没有北迁的记录。总的来说，这次事件对南美大陆的影响要比北美大得多，

图6.9　维拉方期地中海地区的食肉类

从左至右：小型狼形犬，锯齿虎，豹鬣狗，巨猎豹，巨颏虎，上新鬣狗。小方格边长为50厘米。

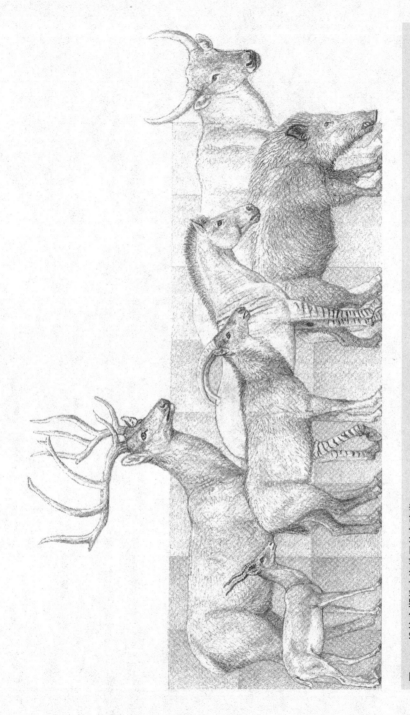

图 6.10　维拉方期地中海地区的有蹄类

从左至右：小型转角羚（Gazellospira），大型真枝角鹿（Eucladoceros），大型麝羚类高卢斑羚（Gallogoral），真马（Equus），野猪（Sus），原始的丽牛（Leptobos）。小方格边长为 50 厘米。

超过50%的属一级的现代南美洲动物都是北方入侵物种的后代。到更新世晚期，南美洲所有的本土有蹄类动物都已绝灭，因此，人们难免会得出这样的结论：有胎盘类食肉动物的入侵在南美本土动物的绝灭中起了一定作用。目前还不清楚这种动物群的转变是单纯地理因素产生的偶然结果，还是环境改变导致的变化。

亚洲化石记录的可靠性问题一直困扰着人们，但上新世晚期肯定有着更高的生物多样性，以至于人们怀疑上新世原始物种的稀少是取样偏差等人为因素造成的。然而不可否认的是，在亚洲发现了众多与欧洲类似的大型猫科动物，以锯齿虎、巨颏虎和猎豹为典型代表。此外，也有一些证据表明，亚洲动物群与北美动物群之间存在交流，也许就是在这个时候，巨颏虎与豹鬣狗以及熊属（*Ursus*）成员一起迁徙扩散到了美洲。

在非洲，320万年前并没有特别的动物群更替事件出现。这可能是因为那里最初存在着足够多的环境类型，因此无论环境发生何种改变，大多数物种都能生存下来。但是，从大约250万年前开始，相当数量的现代动物群成员开始在非洲大陆上出现了。狮子、豹、猎豹和斑鬣狗相继出现在非洲东部、南部的化石记录中。然而它们并没有取代更古老的食肉动物，因为锯齿虎、巨颏虎和恐猫仍与它们更现代的亲属一起出现于相同的地层中。

虽然指示寒冷气候的深海岩芯证据表明，320万年前开始的气候变化是一个全球性的事件，但气候变化带来的影响可能在300万年到200万年前的非洲陆生哺乳动物中最为明显。这一时期，东非许多封闭的森林和林地变成了开阔的稀树大草原，今天的撒哈拉沙漠也已形成。此后，非洲食肉动物群体的变化似乎与猎物群体组成的变化有关，因而又与250万年前由气候变化引起的重大环境变化有关——那个时期冰盖不断增长，稀树草原不断扩大。特别是在过去250万年到200万年间，我们可以看到一系列的变化，包括大型有蹄类动物群组成的变化、动物牙齿和身体结构特征的演化，使它们得以适应在更加开阔、干旱的环境条件下食用那些更为坚韧的植物。

象类就是一个很好的例子。在东非整个上新世时期，它们的牙齿呈现出极度高冠化和复杂化的趋势，发展出了大量的釉质切割脊，而这种变化的速率在上新世后期明显提升，特别是在大约230万年前（图6.11）。当时，以绝灭的雷基象（*Elephas recki*）为代表的支系成为优势物种，而现代非洲象属（*Loxodonta*）的祖先类型则走向衰落。这种牙齿巨型化的演化模式也出现在猪类动物中，在上新世期间，有几种猪类动物的牙齿大小和齿冠高度都大大增加了，同时变化速率也有所加快。现代真马属（*Equus*）的成员通过白令陆桥从美洲扩散到欧亚大陆，其后于大约230万年前首次出现在非洲，这些动物的高冠齿是处理粗硬草料的利器。属于已绝灭的三趾马属的本土马类与这些新来的物种共存了一段时间，有趣的是，这些三趾马也显示出了与猪类和长鼻类动物相似的牙齿变化模式。与此同时，白犀（*Ceratotherium simum*）的头骨结构也发生了变化，变得更长，使这类动物更容易吃到较短的草。

羚羊是非洲上新世到更新世时期多样性最高的大型哺乳动物，在这些羚羊类

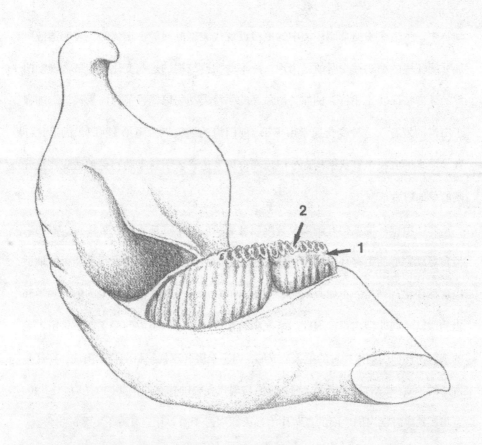

図6.11 雷基象的齿冠高度的变化模式

展示了东非上新世雷基象典型的左半下颌的舌侧视图。注意那颗大的臼齿的齿冠高度（1）以及众多镶嵌在白垩质中的坚硬且强烈褶皱的釉质条带（2）。这些釉质条带的磨损速度比内部的牙本质慢，从而提供了一个不断更新的磨蚀面。

随着时间的推移，牙齿齿冠的高度、釉质条带的数量及其褶皱程度都会增加，而牙釉质本身则会变得更薄。这使得动物的咀嚼能力随着年龄的增长而不断增强，很可能与环境的进一步干旱以及伴随而来的植被变化有关。

动物中，生活在稀树草原环境中的更接近现代类型的门类占据优势，表明适应更加开阔环境的动物在当时便已出现。羚羊动物群结构的这些变化，与某些晚期门类的牙齿特征变化相符，例如类似角马的牛羚类动物以牺牲前臼齿为代价，加强了臼齿的发育。这种变化通常由下第2前臼齿的缺失以及下第3前臼齿的退化导致，最终形成一个钉状结构，令臼齿变得更发达，表明这类动物更加适应在更开阔的草地取食草料。

非洲植被环境变得开阔以及奔跑速度更快的羚羊逐渐占据优势地位，表明大型食肉动物群的生存环境发生了重大改变，而剑齿虎类动物也许还不能很好地适应这种变化。当然，正如我们所看到的，早在那个时期之前，现生的豹、狮子和猎豹就已经在非洲出现，因此后来发生的食肉动物群体组成的变化似乎是由古老的剑齿物种和伪剑齿物种的绝灭造成的，而不是因为现代猫科动物的出现。在这些古老的长有剑齿的物种绝灭之前，它们与现代猫科动物在非洲共同生存了大约200万年，意味着将它们之间的竞争作为绝灭原因过于简单化，有待于更多的思考。

在大约250万年前的欧洲大陆，气候变冷给森林带来的变化，也体现在更适应开阔环境的动物群的出现。这一动物群的主要成员包括欧洲首批长鼻类动物，如猛犸象，和猛犸象类一起出现的还有进步的真马类，后者也是最终迁徙扩散到非洲的动物群中的一员。猛犸象像马一样具有高齿冠，善于处理生长在开阔环境中的粗硬草料，并且在很多方面，猛犸象支系与非洲的雷基象存在平行演化的现象。与此同时，古老的长鼻类动物在本土绝灭了，三趾马属中较原始的门类也消失了。这时，生存于欧洲大陆的大型猫科动物代表只有猎豹和古老的剑齿虎类阔齿锯齿虎以及刀齿巨颏虎。它们属于一个大型食肉动物群，在该群体中完全没有犬科动物，但有两种大型鬣狗，即佩里耶上新鬣狗和卢尼豹鬣狗。

在北美，这一时期的植被存在明显的区域差异，西南地区是热带稀树草原，西部地区是温带草原，中部地区是大草原（有人认为中部的大草原可能是后期才发展出来的）。大型猫科动物包括四个属的成员，其组成大体类似于欧洲大陆的情况，包括美洲特有的形如猎豹的动物意外惊豹，至少一种锯齿虎以及巨颏虎，还有一种鲜为人知的古美洲豹形恐猫。豹鬣狗属动物仍然存在，而唯一一种大型碎骨型食腐动物是所谓的食骨犬异齿豪食犬（*Borophagus diversidens*），它是北美豪食犬亚科的一员，以其有些类似鬣狗牙的粗壮牙齿而闻名。

90万年前的气候变化事件

在哺乳动物演化史上，这是一个复杂的地质历史时期。在这个时期，早先的一些事件引发了环境的进一步剧变，体现为气候波动频率和幅度的明显改变。这种气候变化在欧洲动物群中体现为耐寒动物逐渐发展壮大。这些动物包括驯鹿和野牛，以及后来的披毛犀和最能适应寒冷环境的猛犸象。在当时的欧洲，拥有匕首形犬齿的巨颏虎已经消失，但锯齿虎仍然存活，一起生存的还有猎豹和欧美洲豹；狮和豹也是这一时期首次在欧洲出现，而斑鬣狗可能出现得稍晚一些。气候的改变和现生类群的出现导致当时大型食肉动物群体结构发生改变，而巨颏虎的消失进一步加剧了这种改变。大约在同一时期，有蹄类动物中开始出现鹿科甚至是牛科（包括家牛、野牛和羊等）这样更大、更重的动物。这些体重更大的动物，即使奔跑速度并不比之前的有蹄类动物更快，也会给捕食者带来新的难题，因为捕食的成功率显然与猎物的大小有关。值得注意的是，体形较小的巨颏虎在那个时候绝灭了，尽管它的力量毋庸置疑，但可能无法在这种猎物体形过大的环境下生存。而对于大小近似狮子的锯齿虎来说，似乎不存在这样的困难。从很多方面，如物种延续时间和分布范围来考虑，锯齿虎都是所有猫科动物中最成功的类群之一。

当然，正如环境的变化影响了植被以及以植被为食的动物，从而影响捕食这些动物的猫科动物，猫科动物的变化也无疑对其他物种产生了影响。鬣狗科动物曾经种类繁多，但就在较近的时期里减少到仅剩三个主要物种：斑鬣狗、棕鬣狗和条纹鬣狗。在非洲和欧亚大陆，剑齿虎类的绝灭可能伴随着一种非常大型的鬣狗的绝灭，即被称为"短面鬣狗"的短吻硕鬣狗（彩图16）。这种奇特的动物有狮子那么大，有着巨大而强壮的下颌和牙齿。它究竟是单独捕猎，还是像如今的斑鬣狗一样成群结队地捕猎，我们无从知晓。尽管它的身体比例表明它的移动速度并不是特别快，但它显然具备了像所有大型鬣狗一样的食腐能力，且毫无疑问，和它的现代亲属一样，它也是会从其他捕食者口中盗取猎物的机会主义者。因此，剑齿虎类的绝灭会影响动物尸体的供给，使得食腐动物的食物来源相应减少。

环境与动物群之间的相互作用在不同的地方以不同的方式体现，并产生不同的结果。我们对欧洲和亚洲大部分地区过去几百万年的环境事件的讨论先告一段落。现在来看大约50万年前的情况，正是在此时，最后一类古老的大型食肉动物绝灭了。若干大型猫科动物共存的时期也因此结束。在这期间，狮子、豹等现生物种与锯齿虎和谐共存。现代动物群结构在人类走向现代化的进程中发生了变化，人类的干预无疑产生了巨大的影响。美洲的动物群也发生了类似的向现代类群的转变，但时间要晚得多，一直到大约2万到1万年前，剑齿虎类才开始大规模绝灭。图6.12和图6.13展示了美洲拉布雷亚沥青坑动物群的典型成员。相比之下，非洲的这种转变大约发生在150万年前，因此非洲大型食肉动物群比其他任何地区的动物群出现现代特征的时间都要早。

绝灭

我们应该对物种绝灭保持清醒的认识。在地球的生命演化史中，绝灭是一种极其普遍的现象。这就不可避免地引发了一些问题：为什么剑齿虎类会绝灭？为什么锯齿虎和巨颏虎这两类广泛分布且演化成功的动物会消失？为什么它们最早在非洲消失？为什么剑齿虎类在美洲生存的时间如此之长，几乎延续到了最近的冰河时期？如果锯齿虎独特的肢体比例表明它们适应在开阔地带奔跑，为什么它们会在非洲植被环境变得更为开阔的时候绝灭，反而继续生存于美洲大陆，并最

变化的动物群

图 6.12 拉布雷亚沥青坑的食肉动物群

从左至右：恐狼，刃齿虎，短面熊，形如猎豹的惊豹，狮（一些作者复原的美洲拟狮）。

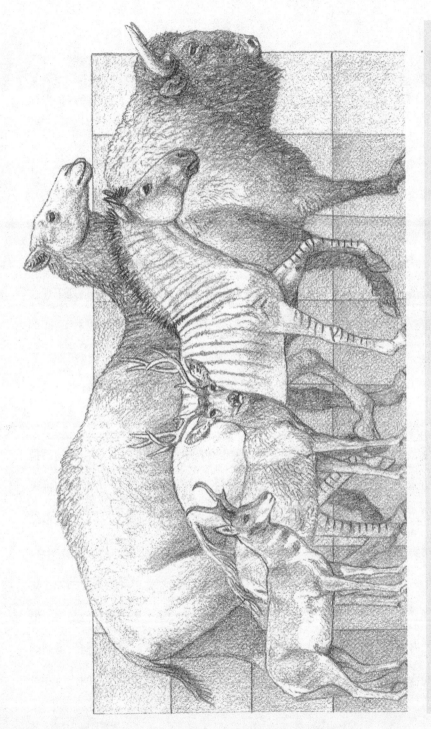

图6.13 拉布雷亚沥青坑的有蹄类动物群

从左至右：叉角羚，空齿鹿，巨大的拟驼，真马，野牛。

终和刃齿虎共存？刃齿虎可能是巨颏虎的后裔类群，并发展出了同样特殊的肢体比例。

坦率地说，想要全面回答这样的问题是困难的，尤其是在我们将目光集中在某一个特定的类群或事件时。与单纯研究某一个物种的绝灭或起源相比，化石记录在解答生物演化的一般模式与更加宏观的问题时更为有用。因此，当我们思考剑齿虎类在美洲和非洲大陆上的绝灭时间差时，我们也应该记住一个事实——这两个大陆的开阔环境是不同的。非洲横跨赤道，自上新世以来几乎一直处于现在的地理位置（尽管在过去400万年的时间里，它向北移动了200千米左右），而北美则不属于热带地区。因此，正如我们所看到的，这两个地区在上新世早期之初的气候模式和植被状况就有很大不同，因此这两个地区对全球气候事件的响应模式也不同。

此外，美洲和非洲大陆的有蹄类动物群也有所不同，因此大型食肉动物的猎物种类也不同。美洲大陆缺少牛科动物（包括非洲的各种羚羊），甚至直到进入更新世一段时间之后，美洲大陆的动物群多样性也依然不及非洲。美洲大陆也没有鹿科动物（直到更新世），当时在美洲唯一和鹿科大致相近的动物是叉角羚科，该科在上新世也只有寥寥数个成员。现在我们知道，大型食肉动物不会去关注猎物类别，只要它们能捕食到，它们根本不在乎猎物是羚羊、鹿还是其他动物。但是不同的有蹄类动物在身体大小和比例上有不同的变化模式，导致它们的运动能力和躲避捕食者的策略也有所不同。此外，不同类群的演化历史也不同，因此对特定选择压力的反应也各不相同。美洲大陆既没有羚羊，也没有鹿，也就没有什么动物能在对抗捕食者和适应环境变化方面与非洲羚羊相提并论。自320万年前起，气候变化改变了非洲有蹄类动物群（尤其是羚羊）的结构，善于奔跑的食草动物变得更多，但缺少羚羊的美洲动物群却没有发生这样的变化。基于这些差异，各个大陆的食肉动物群对气候事件的不同反应也就毫不奇怪了。此外，这些动物群本身以及它们之间的相互作用也各不相同。美洲大陆只有一种鬣狗，即身形纤细的碎骨豹鬣狗，它在大约200万年前就绝灭了。而在狮子出现之前，该大陆的大型猫科动物只有美洲豹和惊豹。

在更新世末期，世界上的许多哺乳动物群发生了翻天覆地的变化，导致美洲的刀齿虎、狮子和惊豹绝灭。在欧洲和亚洲，狮子、豹和斑鬣狗从它们的大部分领地上消失了，而这些变化同样影响了这两大洲的大型食草动物类群。在长期与世界其他地域隔绝的澳大利亚，也可以看到动物群的许多成员绝灭了，虽然具体情况有所不同，但同样规模巨大。似乎只有非洲的动物群大部分保留了原貌。这些更新世末期的物种大绝灭一直是学界深入研究和广泛讨论的焦点，气候和人类干预可能是最常被提及的原因，但问题仍然没有得到解决。而造成这种难题的正是人类活动因素的干扰，因为没有办法排除这项干扰因素而对其他内在的机制进行探讨。

如果物种绝灭在过去是普遍的，那么也许如今仍旧会发生。我们也应该同样清楚地了解物种绝灭是某些原因造成的。灭绝不是随机发生的，也不是那些物种不明原因地失去了演化动力——这一观点在文献中经常被专家或公众提及，用来解释所有生物绝灭的原因。其中很受关注的就是剑齿虎类的绝灭，这类动物被认为是沿着一条固定的道路不可逆地演化，直到变得完全不适应环境。然而，一些物种的绝灭可能只是对于短期环境变化的响应，而且很可能实现逆转。马在美洲更新世末期的绝灭就是一个很好的例子。不管那次绝灭的确切原因是什么，被欧洲人重新引进的家马在逃离到野外后，没有什么可以阻止它们在其祖先曾经生活过的地区繁衍生息。相比之下，现生猎豹似乎非常适应非洲的环境，而在几千年前，它们可能还处于绝灭的边缘，如今所有猎豹种群基因结构的高度单一性证明了这一点。如果猎豹确实曾存在"基因瓶颈"（genetic bottleneck），那么它们能够存活下来，与我们生活在同一时代实属万幸——成功与失败其实就在一线之间。这也意味着已经绝灭的剑齿虎类的一些成员在合适的现代环境中也许能够很好地生存。

因此，认为绝灭是过度特化的必然结果，这一想法在许多方面都太过简单。诚然，如果生物无法应对环境的变化，它们极有可能绝灭，但这一点强调的是环境的变化，而不是绝灭本身的必然性。剑齿虎类以及我们在本书中讨论过的其他物种都不是凭空消失的，它们的绝灭也不是与周围环境变化无关的独立事件。话虽如此，我们人类现在往往是许多生物所在的物理和生物环境中最重要的影响因素，能够通过有意或无意的行为影响其他生物的生存。这一点对大型食肉动物来说尤其明显。人类的数量不断增加，并造成日益严重的环境污染。人类对资源的

 　　　　　　　　　　大猫和它们的化石亲属

需求和占有令大型食肉动物几乎难以生存。可以说，大多数野生大型食肉动物都面临着绝灭的威胁，尤其是大型猫科动物。老虎、猎豹、豹和美洲豹等猫科动物，因捕食牲畜、拥有华丽的皮毛，甚至有时仅仅因为人类的捕猎"游戏"而被猎杀。这些动物中最濒危的可能就是雪豹，最终也许我们只能在笼子里看到它们的身影（图6.14）。

大型猫科动物的演化趋势纵览

纵览大型猫科动物的演化历程，我们可以看到几个总体演化趋势。首先，在它们大约3000万年的演化历史中，它们的体形和多样性都有了极大的增长。猫科动物最早的成员仅分布于欧亚大陆，都是小型的林栖动物，在很多方面与现生灵猫非常相似。原猫的牙齿数量比现生猫类要多，短小的四肢以及以蹠立姿势行走表明它很适应在树上生存。作为原猫可能的后裔，假猫开始出现分异，分化出两个主要的支系，其中一个支系演化出了剑齿虎类，另一个支系演化出了锥齿猫类，包括小如家猫、大如虎的各种现生及化石类群。但有趣的是，在之后的很长一段历史中，猫科动物似乎都保持着相对较小的体形，直到500万年前，我们才看到像狮和虎这样庞大的豹属动物出现。与此同时，一些剑齿虎类发展出了十分巨大的体形，其中剑齿虎可以与现存最大的猫科动物媲美。剑齿虎类还演化出了各种迥然不同的体形，有着强壮而相对较短的肢骨的刃齿虎和巨颏虎与腿长、身

图6.14 铁栏后的黑豹

这样的场景可能是我们的后代将来认识大型猫科动物的唯一途径。尽管人们正在努力饲养那些濒危的猫科动物，但野外引种的成本和困难是巨大的。如果我们不能停止对栖息地的破坏，引种也于事无补，而且引种地的居民往往会将这些食肉动物视为对其生命财产的威胁。现如今，对野外自由生活的大型猫科动物及其生存环境进行保护和管理，是我们未来还能在自然环境中看到它们的唯一现实的希望。

形相对较纤细的锯齿虎形成了鲜明的对比。锯齿虎长长的前肢使得这类动物有着极不寻常的外观，有点像鬣狗——这种体形的发展趋势也见于南美东部的毁灭刃齿虎。然而，所有的剑齿虎类似乎都拥有强有力的前肢和较短的背部，使它们能够扑倒猎物并牢牢抓住，再用牙齿重创猎物，降低其长而脆弱的上犬齿受损的风险。

剑齿在猫科动物和其他类群中的发展，展示了一种有趣的趋同演化现象。猫科以外的类群中最引人注目的就是外形和猫科相似的猎猫科。猎猫科发展出了一系列身强体壮的成员，它们都演化出了巨大的上犬齿，并拥有相似的强壮前肢以及可伸缩的大爪子。如此明显的趋同演化现象使我们能够以比较的眼光来看待剑齿虎类，并充分证明它们的演化轨迹绝不是独一无二的，也并非纯粹的巧合。虽然剑齿虎类最终绝灭了，但它们并不是唯一遭遇这种命运的物种。对于很多门类来说，发展出长的上犬齿是一种成功的生存策略，在某一段时期内优势明显，而这一特征一旦成为劣势，物种便有可能走向灭亡。

我们能够观察到现生猫科动物的生活方式、社会活动、捕猎等行为的大致情况，通过将现生动物骨骼与化石进行对比，就能对我们所关注的化石猫类的行为做出一些推测。在拉布雷亚沥青坑中发现的刃齿虎骨架的数量加上其有伤口愈合的现象，表明它们是群居生活的动物，这样的一种社群结构能够使有伤病的动物成功度过困难时期，而假猫祖先的脚印说明，这种族群结构甚至在早期猫类中就已经出现了。

无论是现生还是化石物种，锥齿猫类的骨骼和牙齿特征都透露出它们与剑齿虎类在生活方式以及捕杀策略方面的一系列差异。其中最特化的是猎豹和北美的惊豹对奔跑的高度适应性。如果后者与旧大陆的类群没有特别紧密的联系，那么二者平行演化的程度是惊人的。巨猎豹是生活在欧洲更新世时期的一类巨大的猎豹，作为能够高速奔跑的猎食动物，必然能捕获多种大小各异的猎物。

哪里可以观察猫科动物化石？

大型博物馆，特别是有殖民史或拥有本土物种的国家，往往有一些现生猫科动物的标本，有时候会装架成完整的骨架进行展示。相比之下，猫科动物的化石标本显然较为稀少，但许多自然博物馆都保存着各种来源的标本模型，其中美洲刃齿虎的头骨尤为受欢迎。然而，博物馆的展品往往是流动的，现在也不像以前那样流行陈列大量的展品。因此，想在公共展馆里看到化石猫科动物或猎猫科动物绝非易事，也无法保证特定的标本会被展出。因此，去附近的博物馆问问总是值得的，特别是关于那些可能收藏在库房里的材料。下面是基于我们所知的机构做的一份简短指南，希望对大家查找资料有一定价值。

- 阿根廷：布宜诺斯艾利斯的贝纳迪诺里瓦达维亚博物馆有一具完整的毁灭刃齿虎骨架。

- 芬兰：赫尔辛基的动物博物馆有锯齿虎的真实大小复原模型。

- 法国：巴黎自然博物馆有各种各样的展品，包括欧洲洞狮（*Panthera spelaea*）的骨架、锯齿虎和巨颏虎的头骨以及刃齿虎的骨架。

  在里昂自然博物馆里，有巨猎豹的头骨，而克劳德伯纳德大学地球科学学院则有来自塞内兹的锯齿虎骨架。

- 意大利：佛罗伦萨大学地球科学学院的博物馆里有许多维拉方动物群的化石标本，其中包括一些相当残破的猫科动物头骨，以及一些有趣的、来自末次冰期埃奎洞穴的豹遗骸。

- 南非：比勒陀利亚德兰士瓦博物馆（Transvaal Museum）保存了若干德兰士瓦原始人类遗址的化石遗骸，包括非常精美的皮氏恐猫和巴氏恐猫头骨。

  开普敦南非博物馆保存有中新世—上新世朗厄班韦赫地点的精美标本，包括一系列有意思的恐猫下颌骨。

- 西班牙：马德里自然科学博物馆有几具剑齿虎和副剑齿虎的骨架。

  巴尼奥莱斯考古博物馆有若干非常精美的锯齿虎头骨。

- 瑞士：巴塞尔自然博物馆有一具装架的刀齿巨颏虎骨架。

- 英国：伦敦自然博物馆收藏了大量的标本，其中包括来自世界许多地方的猫科动物遗骸。

- 美国：洛杉矶佩奇博物馆（G. C. Page Museum）陈列有装架好的致命刃齿虎骨架。

  洛杉矶郡立自然博物馆展出了装架好的渐新世猎猫科动物祖猎虎（*Nimravus*）

和古剑虎骨架。

得克萨斯州纪念博物馆保存有一具来自弗里森哈恩洞穴的晚锯齿虎骨架。

佛罗里达州立博物馆有一具装架好的洛氏巴博剑齿虎（*Barbourofelis loveorum*[1]）

骨架。

华盛顿的国家自然博物馆展示有古剑虎和致命刃齿虎骨架。

纽约的美国自然博物馆展示有毁灭刃齿虎、致命刃齿虎和颏叶古剑虎骨架。

---

[1] 原文为 *Barbourofelis lovei*，这个物种名是为了纪念洛夫夫妇，因此需要用中性词尾。

结　　语

　　大型猫科动物演化出了一系列身怀绝技的类群，每一个类群都拥有独特的线条和灵动之美。每当遇到那些保存精美的化石，我们都惊叹不已，但当我们意识到，有关这些动物的许多谜团将永远不会被真正解开时，我们往往又感到沮丧。无论我们多么精细地研究剑齿虎类的骨骼化石，我们也永远无法看到它们真正运动并追踪猎物的样子。因此，我们不得不依据它们的现生亲属来窥探它们的行为。

　　尽管那些研究现生动物的动物学家似乎可以掌握所需要的全部信息，但实际上，在对信息的掌握上，古生物学家和动物学家之间的区别只是程度的不同。每当一个新的物种被发现，科学往往会提出一些超出物种本身的复杂的问题。这些问题涉及单个物种在生态系统中的位置和作用，在问这些问题时，我们开始意识到，即使是最常见的现生动物，我们距离找到所有答案也还很远。对于许多动物来说，现在想要去了解它们更多的信息可能已经太迟了。所有现存大型猫科物种，如虎和雪豹，可能在我们有生之年就会在野外灭绝，而幸存下来的种群往往存活于人工圈养环境，在这种情况下，它们的真实行为会被掩盖得面目全非。

　　如果由于人类的干扰导致大型猫科动物的绝灭，这将不只是科学界的损失。正如乔治·夏勒在影片《虎王国的危机》中所表述的那样："20世纪的人类是如此地缺乏远见和同情心，毫无未来意识，以至于消灭了这个星球上有史以来最美丽、

285

最强大的一个物种，我们的子孙后代将会为此感到无比悲哀。"我们应该感谢那些为保护野生动物及其栖息地做出不懈奋斗的人，因为他们的努力，我们才能欣赏到这些美丽的大猫，不断探索它们的本性和演化历史。而人类的贪婪和无知给那些参与保护工作的人带来了阻碍和危险。我们应该记住，往往是我们自身的生活方式在将野生动物推向灭绝。保护物种、防止物种灭绝是人类共同的责任。

参考文献

解剖结构、运动以及功能

Akersten, W. A. 1985. Canine function in *Smilodon* (Mammalia, Felidae, Machairodontinae). *Los Angeles County Museum Contributions in Science* 356:1–22.

Emerson, S. B. and L. Radinsky. 1980. Functional analysis of saber-tooth cranial morphology. *Paleobiology* 6:295–312.

Gambaryan, P. P. 1974. *How Mammals Run: Anatomical Adaptations.* New York: Wiley.

Gonyea, W. J. 1976. Adaptive differences in the body proportions of large felids. *Acta Anatomica* 96:81–96.

——. 1976. Behavioral implications of saber-toothed felid morphology. *Paleobiology* 2:332–342.

Gonyea, W. J. and R. Ashworth. 1975. The form and function of retractile claws in the Felidae and other representative carnivorans. *Journal of Morphology* 145:229–238.

Hemmer, H. 1978. Socialization by intelligence: Social behavior in carnivores as a function of relative brain size and environment. *Carnivore* 1:102–105.

Hildebrand, M. 1959. Motions of the running cheetah and horse. *Journal of Mammalogy* 40:481–495.

——. 1961. Further studies on the locomotion of the cheetah. *Journal of Mammalogy* 42:84–91.

Hildebrand, M., D. M. Bramble, K. F. Liem, and D. B. Wake. 1985. *Functional Vertebrate Morphology.* Cambridge: Harvard University Press.

Miller, G. J. 1969. A new hypothesis to explain the method of food ingestion used by *Smilodon californicus* Bovard. *Tebiwa* 12:9–19.

——. 1980. Some new evidence in support of the stabbing hypothesis for *Smilodon californicus* Bovard. *Carnivore* 3:8–19.

——. 1984. On the jaw mechanism of *Smilodon californicus* Bovard and some other carnivores. *IVC Museum Society Occasional Paper* 7:1–107.

Peters, G. and M. H. Hast. 1994. Hyoid structure, laryngeal anatomy, and vocalization in felids (Mammalia: Carnivora: Felidae). *Zeitschrift für Säugetierkunde* 59:87–104.

Radinsky, L. 1975. Evolution of the felid brain. *Brain, Behavior and Evolution* 11:214–254.

Rawn-Schatzinger, V. 1983. Development and eruption sequence of deciduous and permanent teeth in the saber-tooth cat *Homotherium serum* Cope. *Journal of Vertebrate Paleontology* 3:49–57.

Robinson, R. 1978. Homologous coat color variation in *Felis. Carnivore* 1:68–71.

Taylor, M. E. 1989. Locomotor adaptation by carnivores. In J. L. Gittleman, ed., *Carnivore Behavior, Ecology, and Evolution*, pp. 382–409. New York: Comstock-Cornell.

Tejada-Flores, A. E. and C. A. Shaw. 1984. Tooth replacement and skull growth in *Smilodon* from Rancho La Brea. *Journal of Vertebrate Paleontology* 4:114–121.

Turnbull, W. D. 1978. Another look at dental specialization in the extinct sabre-toothed marsupial, *Thylacosmilus*, compared with its placental counterparts. In P. M. Butler and K. E. Joysey, eds., *Development, Function and Evolution of Teeth*, pp. 339–414. London: Academic Press.

演化

Ridley, M. 1993. *Evolution.* Oxford: Blackwell Scientific Publications.

Turner, A. 1993. Species and speciation: Evolution and the fossil record. *Quaternary International* 19:5–8.

Turner, A. and H. E. H. Paterson. 1991. Species and speciation: Evolutionary tempo and mode in the fossil record reconsidered. *Geobios* 24:761–769.

Vrba, E. S. 1985. Environment and evolution: Alternative causes of the temporal distribution of evolutionary events. *South African Journal of Science* 81:229–236.

——. 1987. Ecology in relation to speciation rates: Some case histories of Miocene-Recent mammal clades. *Evolutionary Ecology* 1:283–300.

——. 1992. Mammals as a key to evolutionary theory. *Journal of Mammalogy* 73:1–28.

灭绝

Martin, P. S. and R. G. Klein, eds. 1984. *Quaternary Extinctions: A Prehistoric Revolution.* Tucson: University of Arizona Press.

Martin, P. S. and H. E. Wright, eds. 1967. *Pleistocene Extinctions: The Search for a Cause.* New Haven: Yale University Press.

Owen-Smith, N. 1987. Pleistocene extinctions: The pivotal role of megaherbivores. *Paleobiology* 13:351–362.

Stuart, A. J. 1991. Mammalian extinctions in the late Pleistocene of northern Eurasia and North America. *Biological Review* 66:453–562.

动物群演化

Carroll, R. L. 1988. *Vertebrate Paleontology and Evolution.* New York: Freeman.

Flynn, L. J., R. H. Tedford, and X. Qiu. 1991. Enrichment and stability in the Pliocene mammalian fauna of North China. *Paleobiology* 17:246–265.

Kurtén, B. 1968. *Pleistocene Mammals of Europe.* London: Weidenfeld and Nicholson.

Kurtén, B. and E. Anderson. 1980. *Pleistocene Mammals of North America.* New York: Columbia University Press.

Lindsay, E. H., V. Fahlbusch, and P. Mein, eds. 1990. *European Neogene Mammal Chronology.* New York: Plenum Press.

Maglio, V. J. and H. B. S. Cooke. 1978. *Evolution of African Mammals.* Cambridge: Harvard University Press.

Savage, D. E. and D. E. Russell. 1983. *Mammalian Paleofaunas of the World.* London: Addison-Wesley.

Savage, R. J. G. and M. R. Long. 1986. *Mammal Evolution.* London: British Museum (Natural History).

Stuart, A. J. 1982. *Pleistocene Vertebrates in the British Isles.* London: Longman.

Turner, A. 1990. The evolution of the guild of larger terrestrial carnivores during the Plio-Pleistocene in Africa. *Geobios* 23:349–368.

——. 1992. Villafranchian-Galerian larger carnivores of Europe: Dispersions and extinctions. In W. von Koenigswald and L. Werdelin, eds., *Mammalian Migration and Dispersal Events in the European Quaternary,* pp. 153–160. *Courier Forschungsinstitut Senckenberg* 153.

Turner, A. and B. A. Wood. 1993. Taxonomic and geographic diversity in robust australopithecines and other African Plio-Pleistocene mammals. *Journal of Human Evolution* 24:147–168.

——. 1993. Comparative palaeontological context for the evolution of the early hominid masticatory system. *Journal of Human Evolution* 24:301–318.

Walter, G. H. and H. E. H. Paterson. 1994. The implications of palaeontological evidence for theories of ecological communities and species richness. *Australian Review of Ecology* 19:241–250.

化石的形成与复原

Andrews, P. 1990. *Owls, Caves and Fossils.* London: British Museum (Natural History).

Behrensmeyer, A. K. and A. P. Hill, eds. 1980. *Fossils in the Making.* Chicago: University of Chicago Press.

Brain, C. K. 1981. *The Hunters or the Hunted?* Chicago: University of Chicago Press.

Wang, X. and L. D. Martin. 1993. Natural Trap Cave. *National Geographic Research and Exploration* 9:422–435.

化石种

Adams, D. B. 1979. The cheetah: Native American. *Science* 205:1155–1158.

Ballesio, R. 1963. Monographie d'un *Machairodus* du gisement de Senèze: *Homotherium crenatidens* Fabrini. *Traveaux de la Laboratoire de Géologie de l'Université de Lyon* 9:1–129.

Baskin, J. A. 1984. Carnivora from the late Clarendonian Love Bone Bed, Alachua County, Florida. Ph.D. diss., University of Florida.

Beaumont, G. de. 1975. Recherches sur les félidés (mammifères, carnivores) du Pliocène inférieur des sables à *Dinotherium* des environs d'Eppelsheim (Rheinhessen). *Archives des Sciences* 28:369–405.

——. 1978. Notes complémentaires sur quelques félidés (carnivores). *Archives des Sciences* 31:219–227.

Belinchón, M. and J. Morales. 1989. Los carnívoros del Mioceno inferior de Buñol (Valencia, España). *Revista Española de Paleontología* 4:3–8.

Berta, A. 1985. The status of *Smilodon* in North and South America. *Los Angeles County Museum Contributions in Science* 370:1–15.

——. 1987. The sabercat *Smilodon gracilis* from Florida and a discussion of its relationships (Mammalia, Felidae, Smilodontini). *Bulletin of the Florida State Museum of Biological Sciences* 31:1–63.

Boule, M. 1906. Les grands chats des cavernes. *Annales de Paléontologie* 1:69–95.

Bryant, H. N. 1988. Delayed eruption of the deciduous upper canine in the saber-toothed carnivore *Barbourofelis lovei* (Carnivora, Nimravidae). *Journal of Vertebrate Paleontology* 8:295–306.

Churcher, C. S. 1966. The affinities of *Dinobastis serus* Cope 1893. *Quaternaria* 8:263–275.

——. 1984. The status of *Smilodontopis* (Brown, 1908) and *Ischyrosmilus* (Merriam, 1918). *Royal Ontario Museum of Life Sciences Contribution* 140:1–59.

Cooke, H. B. S. 1991. *Dinofelis barlowi* (Mammalia, Carnivora, Felidae) cranial material from Bolt's Farm, collected by the University of California African Expedition. *Palaeontologia Africana* 28:9–21.

Croizet, J. B. and A. C. G. Jobert. 1828. *Recherches sur les Ossemens Fossiles du Département du Puy-de-Dôme.* Paris.

Crusafont Pairó, M. and E. Aguirre. 1972. *Stenailurus,* félidé nouveau, du Turolien d'Espagne. *Annales de Paléontologie, Vertébrés* 58:211–223.

Dawkins, W. B. and W. A. Sandford. 1866–1872. *A Monograph of the British Pleistocene Mammalia.* Vol. 1, *British Pleistocene Felidae.* London: Palaeontographical Society.

de Bonis, G. 1976. Un félidé à longues canines de la colline de Perrier (Puy-de-Dôme): Ses rapports avec les félinés machairodontes. *Annales de Paléontologie* 62:159–198.

Evans, G. L. 1961. The Friesenhahn Cave. *Texas Memorial Museum Bulletin* 2:3–22.

Ficcarelli, G. 1978. The Villafranchian machairodonts of Tuscany. *Palaeontographia Italica* 71:17–26.

——. 1984. The Villafranchian cheetahs from Tuscany and remarks on the dispersal and evolution of the genus *Acinonyx. Palaeontographia Italica* 73:94–103.

Harrison, J. A. 1983. Carnivora of the Edson local fauna (Late Hemphilian), Kansas. *Smithsonian Contributions to Paleobiology* 54.

Hemmer, H. 1978. Considerations on sociality in fossil carnivores. *Carnivore* 1:105–107.

Hendey, B. 1974. The late Cenozoic Carnivora of the south-western Cape Province. *Annals of the South African Museum* 63:1–369.

Hibbard, C. W. 1934. Two new genera of Felidae from the Middle Pliocene of Kansas. *Transactions of the Kansas Academy of Sciences* 37:239–255.

Hooijer, D. A. 1947. Pleistocene remains of *Panthera tigris* (Linnaeus) sub-species from Wanhsien, Szechwan, China, compared with fossil and recent tigers from other localities. *American Museum Novitates* 1346:1–17.

Hunt, R. 1987. Evolution of the Aeluroid Carnivora: Significance of auditory structure in the nimravid cat *Dinictis. American Museum Novitates* 2886:1–74.

Koufos, G. D. 1992. The Pleistocene carnivores of the Mygdonia Basin (Macedonia, Greece). *Annales de Paléontologie* 78:205–259.

Kurtén, B. 1965. The Pleistocene Felidae of Florida. *Bulletin of the Florida State Museum* 9:215–273.

——. 1973. The genus *Dinofelis* (Carnivora, Mammalia) in the Blancan of North America. *Pearce-Sellards Series* 19:1–7.

——. 1973. Pleistocene jaguars in North America. *Commentationes Biologicae* 62:1–23.

——. 1976. Fossil puma (Mammalia: Felidae) in North America. *Netherlands Journal of Zoology* 26:502–534.

——. 1985. The Pleistocene lion of Beringia. *Annales Zoologici Fennici* 22:117–121.

Kurtén, B. and L. Werdelin. 1990. Relationships between North and South American *Smilodon. Journal of Vertebrate Paleontology* 10 (2): 158–169.

Lund, P. W. 1950. *Memorias sóbre a Paleontología Brasileira Revistas e Comentadas por Carlos de Paula Couto.* Río de Janeiro: Ministerio de Educao e Saude Instituto Nacional do Livro.

Lydekker, R. B. A. 1884. Indian Tertiary and post-Tertiary Vertebrata. *Palaeontologia Indica* 2:1–363.

Marean, C. W. and C. L. Ehrhardt. 1995. Paleoanthropological and paleoecological implications of the taphonomy of a sabretooth's den. *Journal of Human Evolution* 29:515–547.

Merriam, J. C. and C. Stock. 1932. The Felidae of Rancho La Brea. *Carnegie Institution of Washington Publications* 442:1–231.

Miller, G. J. 1968. On the age distribution of *Smilodon californicus* Bovard from Rancho La Brea. *Los Angeles County Museum Contributions in Science* 131:1–17.

Petter, G. and F. C. Howell. 1987. *Machairodus africanus* Arambourg, 1970 (Carnivora, Mammalia) du Villafranchian d'Ain Brimba, Tunisie. *Bulletin du Muséum National d'Histoire Naturelle* 9:97–119.

Pilgrim, G. E. 1931. *Catalogue of the Pontian Carnivora of Europe in the Department of Geology.* London: British Museum of Natural History.

——. 1932. The fossil Carnivora of India. *Palaeontologia Indica* 18:1–232.

Rawn-Schatzinger, V. 1992. The scimitar cat *Homotherium* serum cope. Illinois State Museum Reports of Investigations 47:1–80.

Riggs, E. S. 1934. A new marsupial saber-tooth from the Pliocene of Argentina and its relationships to other South American predacious marsupials. *Transactions of the American Philosophical Society* 26:1–45.

Schaub, S. 1925. Über die Osteologie von *Machaerodus cultridens* Cuvier. *Eclogae Geologicae Helvetiae* 19:255–266.

Simpson, G. G. 1941. Large Pleistocene felines of North America. *American Museum Novitates* 1136:1–27.

Sotnikova, M. V. 1992. A new species of *Machairodus* from the late Miocene Kalmakpai locality in eastern Kazakhstan (USSR). *Annales Zoologici Fennici* 28:361–369.

Teilhard de Chardin, P. and J. Piveteau. 1930. Les mammifères fossiles de Nihowan (Chine). *Annales de Paléontologie* 19:1–132.

Turner, A. 1987. *Megantereon cultridens* from Plio-Pleistocene age deposits in Africa and Eurasia, with comments on dispersal and the possibility of a New World origin (Mammalia, Felidae, Machairodontinae). *Journal of Paleontology* 61:1256–1268.

——. 1993. New fossil carnivore remains. In C. K. Brain, ed., *Swartkrans: A Cave's Chronicle of Early Man*, pp. 151–165. Pretoria: Transvaal Museum Monograph No. 8.

Van Valkenburgh, B., F. Grady, and B. Kurtén. 1990. The Plio-Pleistocene cheetah-like cat *Miracinonyx inexpectatus* of North America. *Journal of Vertebrate Paleontology* 10:434–454.

现生种

Caro, T. M. 1994. *Cheetahs of the Serengeti Plains.* Chicago: University of Chicago Press.

Dallet, R. 1992. *Les Félins.* Paris: Nathan.

Dunstone, N. and L. Gorman, eds. 1993. *Mammals as Predators.* Oxford: Clarendon Press.

Eaton, R. L. 1974. *The Cheetah.* New York: Van Nostrand Reinhold.

Ewer, R. F. 1973. *The Carnivores.* London: Weidenfeld and Nicholson.

Gittleman, J. L., ed. 1989. *Carnivore Behaviour, Ecology and Evolution.* London: Chapman and Hall.

Guggisberg, C. 1975. *Wild Cats of the World.* New York: Taplinger Press.

Hemmer, H. 1978. Fossil history of living Felidae. *Carnivore* 2:58–61.

Herrington, S. J. 1986. Phylogenetic relationships of the wild cats of the World. Ph.D. diss., University of Kansas.

Hes, L. 1991. *The Leopards of Londolozi.* London: New Holland.

Hornocker, M. 1970. An analysis of mountain lion predation upon mule deer and elk in the Idaho Primitive Area. *Wildlife Monograph* 21:1–39.

Joubert, D. 1994. Lions of darkness. *National Geographic Magazine* 186 (2):35–53.

Kitchener, A. 1991. *The Natural History of the Wild Cats.* New York: Cornell University Press.

Kruuk, H. 1972. *The Spotted Hyena.* Chicago: University of Chicago Press.

Kruuk, H. and M. Turner. 1967. Comparative notes on predation by lion, leopard, cheetah and wild dog in the Serengeti area, East Africa. *Mammalia* 31:1–27.

Kurtén, B. 1973. Geographic variation in size in the puma (*Felis concolor*). *Commentationes Biologicae, Societas Scientarum Fennica* 63:1–8.

Leyhausen, P. 1979. *Cat Behavior*. New York: Garland STPM Press.

Mills, M. G. L. and Biggs, H. C. 1988. Prey apportionment and related ecological relationships between large carnivores in Kruger National Park. *Zoological Society Symposium* 65:253–268.

Neff, N. 1986. *The Big Cats*. New York: Abrams.

Pienaar, U. de V. 1969. Predator-prey relationships amongst the larger mammals of the Kruger National Park. *Koedoe* 12:108–176.

Rabinowitz, A. 1986. *Jaguar*. New York: Arbor House.

Rabinowitz, A. R. and B. G. Nottingham. 1986. Ecology and behaviour of the jaguar (*Panthera onca*) in Belize, Central America. *Journal of Zoology* 210:149–159.

Rudnai, J. A. 1973. *The Social Life of the Lion*. Lancaster: MTP Publishing.

Schaller, G. B. 1967. *The Deer and the Tiger*. Chicago: University of Chicago Press.

——. 1972. *The Serengeti Lion*. Chicago: University of Chicago Press.

——. 1993. *Tiger Crisis*. Bristol: BBC Films.

Seidensticker, J., M. Hornocker, W. Wiles, and J. Messick. 1973. Mountain lion social organization in the Idaho Primitive Area. *Wildlife Monograph* 35:1–60.

Seidensticker, J. and S. Lumpkin, eds. 1991. *Great Cats*. London: Merehurst.

Sunquist, M. E. 1981. The social organization of tigers (*Panthera tigris*) in Royal Chitawan Park, Nepal. *Smithsonian Contributions to Zoology* 336:1–98.

Thapar, V. 1986. *Tiger, Portrait of a Predator*. London: Collins.

——. 1989. *Tigers, The Secret Life*. London: Elm Tree Books.

Tilson, R. L. and U. S. Seal, eds. 1987. *Tigers of the World*. Park Ridge, N.J.: Noyes.

古生态学

Guthrie, D. 1990. *Frozen Fauna of the Mammoth Steppe: the Story of Blue Babe*. Chicago: University of Chicago Press.

Solounias, N. and B. Dawson-Saunders. 1988. Dietary adaptations and palaeoecology of the late Miocene ruminants from Pikermi and Samos in Greece. *Palaeogeography, Palaeoclimatology, Palaeoecology* 65:149–172.

Van Valkenburgh, B., M. F. Teaford, and A. Walker. 1990. Molar microwear and diet in large carnivores: Inferences concerning diet in the sabre-toothed cat, *Smilodon fatalis*. *Journal of Zoology* 222:319–340.

复原重建

Barone, R. 1967. La myologie du lion (*Panthera leo*). *Mammalia* 31:459–514.

——. 1986. *Anatomie Comparée des Mammifères Domestiques*. Vol. 1, *Ostéologie*. Paris: Vigot.

——. 1989. *Anatomie Comparée des Mammifères Domestiques.* Vol. 2, *Arthrologie et Myologie.* Paris: Vigot.

Bryant, H. N. and A. P. Russell. 1992. The role of phylogenetic analysis in the inference of unpreserved attributes of extinct taxa. *Philosophical Transactions of the Royal Society of London* B337:405–418.

Bryant, H. N. and K. L. Seymour. 1990. Observations and comments on the reliability of muscle reconstruction in fossil vertebrates. *Journal of Morphology* 206:109–117.

Ellenberger, W., H. Dittrich, and H. Baum. 1956. *An Atlas of Animal Anatomy for Artists.* New York: Dover.

Hildebrand, M. 1988. *Analysis of Vertebrate Structure.* 3d ed. New York: Wiley.

Knight, C. R. 1947. *Animal Drawing.* New York: Dover.

Muybridge, E. 1985. *Horses and Other Animals in Motion.* New York: Dover.

Spoor, C. F. 1985. Body proportions in Hyaenidae. *Anatomischer Anzeiger* 160:215–220.

Spoor, C. F. and D. M. Badoux. 1986. Descriptive and functional myology of the neck and forelimb of the striped hyena (*Hyaena hyaena*, L. 1758). *Anatomischer Anzeiger* 161:375–387.

——. 1988. Descriptive and functional myology of the back and hindlimb of the striped hyena (*Hyaena hyaena*, L. 1758). *Anatomischer Anzeiger* 167:313–321.

——. 1989. Descriptive and functional morphology of the locomotory apparatus of the spotted hyena (*Crocuta crocuta*, Erxleben 1977). *Anatomischer Anzeiger* 168:261–266.

分类

Berta, A. and H. Galiano. 1983. *Megantereon hesperus* from the late Hemphilian of Florida with remarks on the phylogenetic relationships of machairodonts (Mammalia, Felidae, Machairodontinae). *Journal of Paleontology* 57:892–899.

Bryant, H. N. 1991. Phylogenetic relationships and systematics of the Nimravidae (Carnivora). *Journal of Mammalogy* 72:56–78.

Cope, E. D. 1880. On the extinct cats of America. *American Naturalist* 14:833–858.

Flynn, J. and H. Galiano. 1982. Phylogeny of early Tertiary carnivora, with a description of a new species of *Protictis* from the Middle Eocene of northwestern Wyoming. *American Museum Novitates* 2725:1–64.

Hemmer, H. 1978. The evolutionary systematics of living Felidae: Present status and current problems. *Carnivore* 1:71–79.

Matthew, W. D. 1910. The phylogeny of the Felidae. *Bulletin of the American Museum of Natural History* 28:289–316.

O'Brien, S. J., G. E. Collier, R. E. Benveniste, W. G. Nash, A. K. Newman, J. M. Simonson, M. A. Eichelberger, U. S. Seal, D. Janssen, M. Bush, and D. E. Wildt. 1987. Setting the molecular clock in Felidae: The great cats, *Panthera.* In R. L. Tilson and U. S. Seal, eds., *Tigers of the World*, pp. 10–27. Park Ridge, N.J.: Noyes.

Peters, G. and M. H. Hast. 1994. Hyoid structure, laryngeal anatomy, and vocalization in felids (Mammalia: Carnivora: Felidae). *Zeitschrift für Säugetierkunde* 59:87–104.

索　引

译者致谢

这是我完成的第一本科普译著，在翻译中获得许多同人、朋友的帮助和支持。中国科学院古脊椎动物与古人类研究所的孙博阳博士和熊武阳先生进行了仔细的审校，并提供了有益的探讨和建议，对一些语段进行了精彩的润色，衷心感谢二位所付出的宝贵时间。正在牛津大学做访问学者的胡晗博士曾与我交流她在翻译科普著作时的一些心得体会，并对本书第6章的部分内容进行润色。对古生物抱有浓厚兴趣的科学绘画师陈瑜对书中一些物种拉丁学名的中译名提供了有益建议。云南大学的屈敏和刘嘉文对部分章节的翻译提供了帮助。最后，我想感谢我的博士导师邱占祥先生，感谢先生引领我走进古哺乳动物学科研的殿堂。

希望这本专业翔实的科普著作能让那些对大自然生灵抱有极大好奇心的朋友更加全面地了解猫科动物的演化和生命史，尽情欣赏令人着迷又敬畏的大猫的魅力。

李雨

2020 年 12 月

图书在版编目(CIP)数据

大猫和它们的化石亲属/(美)艾伦·特纳著;(西)
毛里西奥·安东绘图;李雨译.—北京:商务印书馆,2021
ISBN 978 - 7 - 100 - 19618 - 5

Ⅰ.①大⋯ Ⅱ.①艾⋯②毛⋯③李⋯ Ⅲ.①古动物—
猫科—研究 Ⅳ.①Q915.87

中国版本图书馆 CIP 数据核字(2021)第 035785 号

大猫和它们的化石亲属

〔美〕艾伦·特纳 著
〔西〕毛里西奥·安东 绘图
李雨 译
熊武阳 孙博阳 审校

商 务 印 书 馆 出 版
(北京王府井大街 36 号 邮政编码 100710)
商 务 印 书 馆 发 行
北京中科印刷有限公司印刷
ISBN 978 - 7 - 100 - 19618 - 5

2021 年 9 月第 1 版   开本 787×960 1/16
2021 年 9 月北京第 1 次印刷   印张 19¾ 插页 8
定价:78.00 元